U0142422

電子商務
㊉ 網路行銷

數位新知 —— 著

五南圖書出版公司 印行

序

　　從廣義的角度來看，電子商務不只是以網站為主體的線上虛擬商店，還包括網際網路上電子化交易與行銷的活動，或以無線通訊進行商品、服務或是資訊交易的行為。而網路行銷是一種行銷活動、管理活動和網際網路的組合，換言之，只要行銷活動中某個活動透過網際網路達成，即可視為是網路行銷。本書完整介紹電子商務與網路行銷相關主題，精彩篇幅包括：

- 電子商務與雲端運算
- 電子商務的經營模式
- 電子商務架構與七種流
- 電子商務基礎建設與服務
- 企業電子化與企業資源規劃
- 協同商務與相關商務管理工具
- 無限可能的行動商務
- 電子商務與網路安全防範課題
- 電商付款模式與交易安全機制
- 電商網站建置與成效評估
- 認識網路行銷
- 社群行銷實務
- 電子商務倫理與相關法律

- 電子商務的展望與未來

　　筆者在閱讀電子商務相關書籍時，觀察到一種現象，那就是書中所談的案例，有的屬於較早期，對讀者而言，較沒有強烈的體會與動機去深刻了解，因此為了讓讀者接觸最新的電子商務知識，儘可能介紹近年來的成功案例或新技術，例如：臉書、line、Apple Store、Google Play、雲端運算、穿戴式裝置、iOS、Android、RFID、QR Code、NFC行動支付、第三方支付、Web 3.0、物聯網、物流管理、小額付款、比特幣、關鍵字廣告等，除了強調符合現代的電子商務知識外，對於如何提升電子商務的學習樂趣，並減少學習障礙，也是本書思考的重點。為了避免閱讀上的不順暢，筆者在介紹各項主題，會輔以圖例或表格加以說明，並把握淺顯易懂的寫作原則，希望幫助讀者快速且有信心地學習電子商務及網路行銷相關的主題。

　　另外，在各章中安排了課後習題，方便老師指派作業或驗收學習成果。因此，本書是一本非常適合作為電子商務與網路行銷相關課程的教材。雖然本書校稿過程力求無誤，唯恐有疏漏，還望各位先進不吝指教！

目錄

第一章

電子商務與雲端運算

　　十九世紀時蒸氣機的發明帶動了工業革命，在二十一世紀的今天，網際網路的發展則帶動了人類空前未有的知識經濟與商業革命。自從網際網路應用於商業活動以來，不但改變了企業經營模式，也改變了大眾的消費模式，以無國界、零時差的優勢，提供全年無休的電子商務（Electronic Commerce, EC）服務。電子商務成了「網路經濟」（Network Economy）發展下所帶動的新興產業，也連帶帶動了新的交易觀念與消費方式，阿里巴巴董事局主席馬雲直言2023年時電子商務將大幅取代傳統實體零售商家主導地位。

電子商務加速了網路經濟發展速度

Tips

網路經濟（Network Economy）：就是利用網路通訊進行傳統的經濟活動的新模式，網路經濟帶來了與傳統經濟方式完全不同的改變，優點就是可以去除傳統中間化，降低市場交易成本，而讓自由市場更有效率地運作。對於網路效應（Network Effect）而言，有一個很大的特性就是產品的價值取決於其使用人數總規模，透過網路無遠弗屆的特性，也就是愈多人有這個產品，那麼它的價值便愈高。

2020年起網路電商更在新冠肺炎（COVID-19）疫情的推波助瀾下，許多國家紛紛採取強制的居家隔離，民眾為了防疫減少外出，也造成實體零售通路市場的人潮大為減少，許多實體零售商紛紛被迫關門，也因此讓全球「無接觸經濟」崛起，電子商務將有機會成為此次疫情中最大的受益者。在此同時，電子商務也出現爆炸性的成長。十一月十一日「光棍節」的宅經濟業績總是繳出驚人成績，2021年天貓購物商城光棍節旗下的購物網站交易統計在「光棍節」開始1小時就已接近571億人民幣，已經超過美國人當年度「黑色星期五」和「網購星期一」的紀錄。

Amazon在疫情期間業績大幅成長

1-1 電子商務簡介

在網際網路迅速發展及電子商務日漸成熟的今日，人們已經漸漸改變購物及收集資訊的方式，電子商務等於「電子」加上「商務」，主要是將供應商、經銷商與零售商結合在一起，透過網際網路提供訂單、貨物及帳務的流動與管理，大量節省傳統作業的時程及成本，從買方到賣方都能產生極大的幫助，而網路就是促進商業轉型的重要關鍵，最簡單的說法，電子商務是就指在網際網路上所進行的交易行為。至於交易的標的物可能是實體的商品，例如線上購物、書籍銷售，或是非實體的商品，例如廣告、服務販賣、數位學習、網路銀行等。

Tips

「數位學習」（e-Learning）是在網際網路上建立一個方便的學習環境，透過在線上存取流通的數位教材，進行訓練與學習，讓使用者連上網路就可以學習到所需的知識，不受空間與時間限制，也是現代提升人力資源價值的新利器。例如TutorABC網站課程涵蓋層面相當廣泛，讓你可以透過網路跟全世界各地的老師學英文。

TutorABC線上真人即時互動數位學習英語網站

CHAPTER

1

1-1-1 電子商務的定義

　　對於電子商務的定義，我國經濟部商業司的定義：「電子商務是指任何經由電子化形式所進行的商業交易活動，也就是透過網際網路所完成的商業活動皆可視為電子商務」。美國學者Kalakota and Whinston認為所謂電子商務是一種現代化的經營模式，就是指利用網際網路進行購買、銷售或交換產品與服務，並達到降低成本的要求。他們認為電子商務可從以下四種不同角度的定義，分別說明如下：

■ 通訊角度：電子商務是利用電話線、網路、網際網路或其他通訊媒介來傳遞與產生資訊、產品、服務及收付款行為。
■ 商業流程的角度：電子商務是商業交易及工作流程自動化的相關科技應用。
■ 線上的角度：電子商務提供在網路的各種線上交易與服務，進行購買與販賣產品與資訊的能力。
■ 服務的角度：電子商務可看成一種工具，用來滿足企業、消費者與經營者的需求，並以降低成本、改善產品品質且提升服務傳遞的速度。

　　隨著亞馬遜書店（Amazon）、eBay、Yahoo!奇摩拍賣等的興起，讓許多專家學者跌破眼鏡，原來商品也可以在網路虛擬市場上販賣，而且經營的績效能夠如此驚人。對店家或品牌而言，可讓商品縮短行銷通路、降

低營運成本，並隨著網際網路的延伸而達到全球化銷售的規模。除了可以將全球消費者納入商品的潛在客群，也能夠將品牌與形象知名度大為提升。

Tips

　　「梅特卡夫定律」（Metcalfe's Law）是1995年的10月2日是3Com公司的創始人，電腦網路先驅羅伯特‧梅特卡夫（B. Metcalfe）於專欄上提出網路的價值是和使用者的平方成正比，稱為「梅特卡夫定律」（Metcalfe's Law），是一種網路技術發展規律，也就是使用者愈多，其價值便大幅增加，產生大者恆大之現象，對原來的使用者而言，反而產生的效用會愈大。

1-2 電子商務發展過程

　　在二十世紀未期，隨著電腦的平價化、作業系統操作簡單化、網際網路興起等種種因素組合起來，也同時推動了電子商務盛行，一時之間許多投資者紛紛擁上網路這個虛擬的世界中。在過去的數十年間，電子商務的發展發生了很大的變化。美國學者Kalakota and Whinston（1997）亦將電子商務的發展分為五個階段。

Tips

　　摩爾定律（Moore's law）是由英特爾（Intel）名譽董事長摩爾（Gordon Mores）於1965年所提出，表示電子計算相關設備不斷向前快速發展的定律，主要是指一個尺寸相同的IC晶片上，所容納的電晶體數量，因為製程技術的不斷提升與進步，造成電腦的普及運用，每隔約十八個月會加倍，執行運算的速度也會加倍，但製造成本卻不會改變。

1-2-1 電子資金轉換期

　　從技術的角度來看，人類利用電子通訊的方式進行貿易活動已有幾十年的歷史了。早期電子商務只是利用電子化的手段，將商業買賣活動簡化，從傳統企業內部利用「電子資料處理系統」（Electronic Data Processing System, EDPS）來支援企業或組織內部的基層管理與作業部門，讓原本屬於人工處理的作業邁向自動化，進而提高作業效率與降低作業成本。到了1970年代，銀行之間引進了利用私有的網路，以進行「電子資金轉換」（Electronic Funds Transfer, EFT）的作業，如轉帳、ATM，將付款的相關資訊電子化以改善金融市場。

1-2-2 電子文件資料交換期

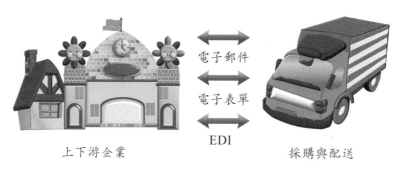

電子郵件

電子表單

EDI

上下游企業　　　　　　　　採購與配送

EDI與上下游企業的運作模式

　　「電子文件資料交換標準」（Electronic Data Interchange, EDI）起源於大型企業與製造商之間訊息交換，目的是為了降低紙張作業的採購及存貨管理程序而發展出來。EDI是將業務文件按一個公認的標準從一台電腦傳輸到另一台電腦上去的電子傳輸方法，如果能使一份電子文件為不同國別、企業、屬性的辦公室共同接受的話，自然人工轉換的花費就可以消弭於無形。後來隨著的EDI的漸漸流行，大幅減少了「企業與企業間」或

「辦公室與辦公室間」的資料格式轉換問題,更能加速整合客戶與供應商或辦公室各單位間的生產力。到了1970年晚期至1980初期,電子資料交換與電子郵件的電子訊息交換的技術發展出如採購單、出貨單、電子型錄等方式。

1-2-3 線上服務階段

1980年中期,隨著網際網路的興起,企業開始以線上服務的方式開始提供顧客不同的互動模式,例如聊天室、新聞群組、檔案傳送協定(File Transfer Protocol, FTP)、BBS,人們可藉由全球性網路開始進行遠端的溝通、資訊存取與交換,產生虛擬社區的初步概念並造就出地球村的概念。

網路地球村的雛形開始成形

1-2-4 網際網路快速發展

　　在1980年代晚期與1990年代初期，電子化訊息的技術轉化成工作流程管理系統或網路電腦工作系統，大幅節省員工在作業流程上所花費的時間，這已經接近「辦公室自動化」（Office Automation, OA）的雛型，就是結合電腦與網路通訊設備的成果，以改進辦公室內的整體生產力，進而促使書面工作與紙張大量減少，例如文書處理、會計處理、文件管理或是溝通協調。

辦公室自動化的成熟階段

Tips

　　擾亂定律（Law of Disruption）是由唐斯及梅振家所提出，結合了「摩爾定律」與「梅特卡夫定律」的第二級效應，主要是指出社會、商業體制與架構以漸進的方式演進。但是科技卻以幾何級數發展，社會、商業體制都已不符合網路經濟時代的運作方式，遠遠落後於科技變化速度，當這兩者之間的鴻溝愈來愈擴大，使原來的科技、商業、社會、法律間的漸進式演化平衡被擾亂，因此產生了所謂的失衡現象與鴻溝（Gap），就很可能產生革命性的創新與改變。

1-2-5 全球資訊網的發展階段

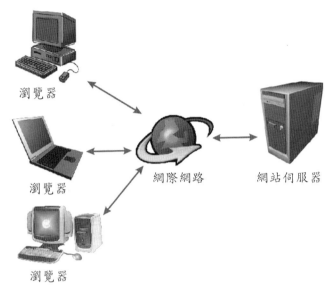

全球資訊網的運作模式

在1990年代出現在網際網路上的全球資訊網（World Wide Web）是電商發展的重要關鍵性突破，又簡稱為Web，一般將WWW唸成「Triple W」、「W3」或「3W」，它可說是目前Internet上最流行的一種新興工具，它讓Internet原本生硬的文字介面，取而代之的是聲音、文字、影像、圖片及動畫的多元件交談介面，WWW的出現形成了電子商務發展的轉捩點。WWW讓電子商務成為以較低成本從事較具經濟規模商業的方式，創造了更多新興類型的商業機會。

全球資訊網上充斥著數以億計的網站

> **Tips**
>
> 　　公司遞減定律（Law of Diminishing Firms）：是指由於摩爾定律及梅特卡菲定律的影響之下，網路經濟透過全球化分工的合作團隊，加上縮編、分工、外包、聯盟、虛擬組織等模式運作，將比傳統業界來的更為經濟有績效，進而使得現有公司的規模有呈現逐步遞減的現象。

　　當電子商務進入了全球資訊網的發展階段，馬上引起一股電子商務的開店熱潮，從美國延燒到台灣，一時之間，.com公司紛紛成立，傳統企業也大幅度的投入電子商務的列車中，設立各式商務網站。電子商務市場的發展初期，不少網路公司是以「本夢比」的思考來經營電子商務，在當時網站只要掛上個.com的網域名稱，資金自然滾滾而來。其中當然產生了許多為人深思的盲點，這些盲點討論有以下現象：

CHAPTER

1

■ 線上廣告是個大金礦？

由於網路具有全球化的特性，而客戶可能來自全世界各地每一個角落，電子商務的經營者相信要掌握電子商務的獲利來源，首先必先穩定客戶族群，在當時則稱之爲「社群」。電子商務經營者相信，先建立大量的社群，並在每個社群擁有大量的使用者，日後就可以向這些使用者進行各種商業行爲，或索取一定費用。

■ 燒不完的錢？

網路的特質之一就是資訊流動快速，使用者的忠誠度也改變迅速，要抓住大量用戶最快的方式，最好就是免費服務。在當初所有的電子商務經營者對使用者紛紛推出免費的服務，例如免費電子郵件、網頁空間、網路硬碟、線上資源等，目的都在吸引大量的使用者參與，但是如何從使用者身上獲得利益，或是從其它的管道創造盈收、獲利模式都尚未建立，而免費服務是個急速消耗資金的無底洞。

Everything is Free!

免費？免費？過去網路上所有的服務都是免費？

CHAPTER

1

■ 夢幻的獲利曲線？

　　過去的電子商務經營者深信著一個曲線，這個曲線的意義，在於說明使用人數的多少相對於獲利的關係，該曲線起初是個十分平緩上升的曲線，並說明在累積消費用戶來源的同時，必定是處於虧損的狀態，但在社群累積至一定的量之後，就會以超越指數的方式急速上升，獲利當然也就隨著急速上揚。

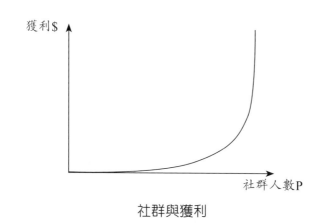

社群與獲利

　　許多電子商務書籍都會提到這個曲線，然而並沒有人知道用戶社群的人數應該累積至什麼程度，等不及的經營者開始向使用者發送大量的廣告，這使得大多數用戶為之反感，因為到處充斥著電子郵件廣告、網站上討人厭的彈跳廣告到處阻擋使用者的視線。

　　雖然還看不到美好的獲利，但是許多數據繼續加深了電子商務經營者的信念，全球個人電腦的數量、上網的人口、網站會員的數量等都在持續增加當中，也使得許多人認為金礦就在不遠處。但許多人心中還是對那個曲線而深信不疑，因此不斷的投入金錢投資，網路概念股也不斷的飆漲，使得本益呈現不正常的數字，許多財務分析者開始提出警訊，不正常的本益比已經開始顯示泡沫化的跡象。

　　二十世紀末到二十一世紀初，全球經濟開始陷入不景氣的狀況，首當其衝的就是網路電子商務這個大泡沫。在獲利來源不穩定，投入資金又已消耗殆盡的情況下，使得網路經濟開始全面崩盤。時至今日，經過了2000年的網路泡沫，目前經營穩健的電子商務公司，其成功關鍵因素都在於技術、經濟與管理流程上都有發展出好的規畫與執行力。

1-3 電子商務生態系統與成員

　　隨著現代電子商務快速發展與普及，對產業間競合帶來巨大的撼動，所謂「生態系統」（eco-system）是指一群相互合作並有高度關聯性的個體，這個理論來自生態學，James F. Moore是最早提出「商業生態系統」的概念，建議以商業生態系統取代產業，在商業生態系統中會同時出現競爭與合作的現象，這個想法打破過去產業的界線，也就是由組織和個人所組成的經濟聯合體。

　　「電子商務生態系統」（E-commerce ecosystem）就是指以電子商務為主體結合商業生態系統概念。在電子商務環境下，針對企業發展策略的復雜性，包括各種電子商務生態系統的成員，也就是電子商務參與者與相關成員所形成的網路業者整體網絡關係，例如產品交易平台業者、網路開店業者、網頁設計業者、網頁行銷業者、社群網站、網路客群、相關物流業者等單位透過跨領域的協同合作來完成，並且與系統中的各成員共創新的共享商務模式和協調與各成員的關系，進而強化相互依賴的生態關係，所形成的一種網路生態系統。

1-3-1 跨境電商與電子商務自貿區

聚豐全球貿聯網以跨境電子商務服務為主要業務

　　隨著時代及環境變遷,貿易形態也變得愈來愈多元,跨境電商
(Cross-Border Ecommerce)已經成為新世代的產業火車頭,也是國際貿
易的一種創新型態。大陸雙十一網購節熱門的跨境交易品項,許多熱賣上
品都是台灣製造的強項,當這些消費者在決定是否要進行跨境購買時,整
體成本是最大的考量點,因此本土業者應該快速了解大陸跨境電商的保稅
進口或直購進口模式,讓更多台灣本土優質商品能以低廉簡便的方式行銷
海外,甚至於在全球開創嶄新的產業生態。

「天貓出海」計畫打著「一店賣全球」的口號

　　所謂跨境電商是全新的一種國際電子商務貿易型態，指的就是消費者和賣家在不同的關境（實施同一海關法規和關稅制度境域）交易主體，透過電子商務平台完成交易、支付結算與國際物流送貨、完成交易的一種國際商業活動，就像打破國境通路的圍籬，網路外銷全世界，讓消費者滑手機，就能直接購買全世界任何角落的商品。例如阿里巴巴也發表了「天貓出海」計畫，打著「一店賣全球」的口號，幫助商家以低成本、低門檻地從國內市場無縫拓展，目標將天貓生態模式逐步複製並推行至東南亞、乃至全球市場。

　　隨著跨境網路購物對全球消費者已經變得愈來愈稀鬆平常，並不僅是一個純粹的貿易技術平台，因為只要涉及到跨境交易，就會牽扯出許多物流、文化、語言、市場、匯兌與稅務等問題。電子商務自貿區是發展跨境電子商務方向的專區，開放外資在區內經營電子商務，配合自貿區的通關

便利優勢與提供便利及進口保稅、倉儲安排、物流服務等，並且設立有關跨境電商的服務平台，向消費者展示進口商品，進而大幅促進區域跨境電商發展與便利化的制度環境。

1-4 電子商務的特性

電子商務不僅讓企業開創了無限可能的商機，也讓現代人的生活更加便利，簡單來說，就是在網路上進行的交易行為，包括商品買賣、廣告推撥、服務推廣與市場情報等。透過網頁技術與科技，還可以收集、分析、研究客戶的各種最新及時資訊，快速調整行銷與產品策略。對於一個成功的電子商務模式，**與傳統產業相比而言**，具備了以下四種特性：

透過電商模式，小資族就可在網路市集上開店

1-4-1 全年無休經營模式

　　網路商店最大的好處是透過網站的建構與運作，可以一年365天，全天候24小時全年無休的提供商品資訊與交易服務，不論任何時間、地點，都可利用簡單的工具上線執行交易行為。廠商可隨時依買方的消費與瀏覽行為，即時調整或提供量身訂制的資訊或產品，買方也可以主動在線上傳遞服務要求與意見，透過網站的建構與運作，因為整個交易資訊也轉變成數位化的形式，更能快速整合上、下游廠商的資訊，及時處理電子資料交換而快速完成交易，取代了傳統面對面的交易模式。

消費者可在任何時間地點透過網路消費

1-4-2 全球化銷售通道

　　網路連結是普及全球各地，消費者可在任何時間和地點，透過網際網路進入購物網站購買到各種式樣商品，所以範圍不再只是特定的地區或社團，全世界每一角落的網民都是潛在的顧客，遍及全球的無數商機不斷興

起。對業者而言,可讓商品縮短行銷通路、降低營運成本,並隨著網際網路的延伸而達到全球化銷售的規模。除了可以將全球消費者納入商品的潛在客群,也能夠將品牌與形象知名度大為提升。

ELLE時尚網站透過網路成功在全球發販售場品

Tips

　　全球化整合是現代前所未見的市場趨勢,克里斯‧安德森(Chris Anderson)提出的「長尾效應」(The Long Tail)的出現,也顛覆了傳統以暢銷品為主流的觀念。由於實體商店都受到80/20法則理論的影響,多數都將主要企業資源投入在20%的熱門商品(big hits),不過透過網路科技的無遠弗屆的伸展性,這些涵蓋不到的80%冷門市場也不容小覷。長尾效應其實是全球化所帶動的新現象,因為能夠接觸到更大的市場與更多的消費者,過去一向不被重視,在統計圖上像尾巴一樣的小眾商品可能就會成為意想不到的大商機。

1-4-3 即時互動貼心服務

7-11透過線上購物平台成功與消費者互動

　　網站提供了一個買賣雙方可即時互動的雙向互動溝通的管道，包括了線上瀏覽、搜尋、傳輸、付款、廣告行銷、電子信件交流及線上客服討論等，具有線上處理之即時與迅速的特性，另外還可以完整記錄消費者個人資料及每次交易資訊，因此可以快速分析出消費者的喜好與消費模式，甚至反其道而行，消費者也能參與廠商產品的設計與測試。

1-4-4 低成本與客制化銷售潮流

　　網際網路減少了資訊不對稱的情形，供應商的議價能力愈來愈弱，對業者而言，因為網際網路去中間化特質，網路可讓商品縮短行銷通路、降低營運成本，以低成本創造高品牌能見度及知名度。對業者而言，可讓商品縮短行銷通路、降低營運成本，並隨著網際網路的延伸而達到全球

化銷售的規模，提供較具競爭性的價格給顧客。「客制化」（Customization）則是廠商依據不同顧客的特性而提供量身訂製的產品與不同的服務，消費者可在任何時間和地點，透過網際網路進入購物網站購買到各種式樣的個人化商品。

Trivago號稱提供了最低價優惠的全球旅館訂房服務

　　高度個人化商品對消費者來說，更有獨特魅力，因為他們可以創造屬於自己、獨一無二的產品。例如「印酷網」是典型將3D列印技術結合電子商務的網站，提供代印服務，可讓創作者於網站直接銷售其設計產品，為華人世界首創的3D列印線上平台，實現電子商務、文創設計及3D列印的跨界加值應用。目前3D列印已可應用於珠寶、汽車。

印酷網是華人世界首創的3D列印電商平台

Tips

　　3D列印技術是製造業領域正在迅速發展的快速成形技術，不但能將天馬行空的設計呈現眼前，還可快速創造設計模型，製造出各式各樣的生活用品，不但減少開模所需耗費時間與成本，改善因為不符成本而無法提供客製化服務的困境，更讓硬體領域的大量客製化（Mass Customization）服務開始興起。

1-5 電子商務與雲端運算

雲端圖

　　在資訊日新月異的時代下，電子商務的蓬勃發展已成為一股趨勢，網路商店全年無休不打烊，24小時不間斷為企業帶來收益，同時電子商務必須運用到龐大的雲端運算系統，雲端運算的崛起將大幅改變產業生態價值鏈與電子商務平台的制式架構，特別是對電商業者來說，雲端上的龐大數據資料還可以創造出「智慧商務」（Smarter Commerce）的模式。

Tips

　　智慧商務（Smarter Commerce）就是利用社群網路、行動應用、雲端運算、大數據、物聯網與人工智慧（Artificial Intelligence, AI）等技術，誕生與創造許多新的商業模式，透過多元平台的串接，可以更規模化、系統化地與客戶互動，讓企業的商務模式可以帶來更多智慧便利的想像，並且大幅提升電商服務水準與營業價值。

　　雲端運算時代來臨將大幅加速電子商務市場發展，「雲端」其實就是泛指「網路」，來表達無窮無際的網路資源，代表了龐大的運算能力，與過去網路服務最大的不同就是「規模」。雲端運算的熱潮不是憑空出現，實際是多種技術與商業應用的的成熟，雲端運算讓虛擬化公用程式演進到軟體即時服務的夢想實現，也就是只要使用者能透過網路、由用戶端登入遠端伺服器進行操作，就可以稱為雲端運算。

　　所謂雲端運算就是將分散在不同地理位置的電腦共同聯合組織成一個虛擬的超級電腦，運算能力並藉由網路慢慢聚集在伺服端，伺服端也因此擁有更大量的運算能力，最後再將計算完成的結果回傳，只要使用者能透過網路、由用戶端登入遠端伺服器進行操作，就可以稱為「雲端運算」，也就是未來要讓網路資訊服務如同水電等公共服務一般，隨時都能供應。

1-5-1 雲端服務

Google雲端硬碟就是一種雲端服務

所謂「雲端服務」，簡單來說，其實就是「網路運算服務」，雲端服務的影響無遠弗屆，包括電子商務等食衣住行育樂等層面都會因此不同，根據美國國家標準和技術研究院（National Institute of Standards and Technology, NIST）的雲端運算明確定義了三種服務模式：

■ 軟體即服務（Software as a service, SaaS）：是一種軟體服務供應商透過Internet提供軟體的模式，使用者用戶透過租借基於Web的軟體，使用者本身不需要對軟體進行維護，可以利用租賃的方式來取得軟體的服務，而比較常見的模式是提供一組帳號密碼。例如：Google docs。

只要瀏覽器就可以開啓雲端的文件

■ 平台即服務（Platform as a Service, PaaS）：是一種提供資訊人員開發平台的服務模式，公司的研發人員可以編寫自己的程式碼於PaaS供應商上傳的介面或API服務，再於網絡上提供消費者的服務。例如：Google App Engine。

Google App Engine是全方位管理的PaaS平台

■ 基礎架構即服務（Infrastructure as a Service, IaaS）：消費者可以使用「基礎運算資源」，如CPU處理能力、儲存空間、網路元件或仲介軟體。例如：Amazon.com透過主機託管和發展環境，提供IaaS的服務項目。

Tips

1. 公用雲（Public Cloud）：是透過網路及第三方服務供應者，提供一般公眾或大型產業集體使用的雲端基礎設施，通常公用雲價格較低廉。

2. 私有雲（Private Cloud）：和公用雲一樣，都能為企業提供彈性的服務，而最大的不同在於私有雲是一種完全為特定組織建構的雲端基礎設施。

3. 社群雲（Community Cloud）：是由有共同的任務或安全需求的特定社群共享的雲端基礎設施，所有的社群成員共同使用雲端上資料及應用程式。

4. 混合雲（Hybrid Cloud）：結合公用雲及私有雲，使用者通常將非企業關鍵資訊直接在公用雲上處理，但關鍵資料則以私有雲的方式來處理。

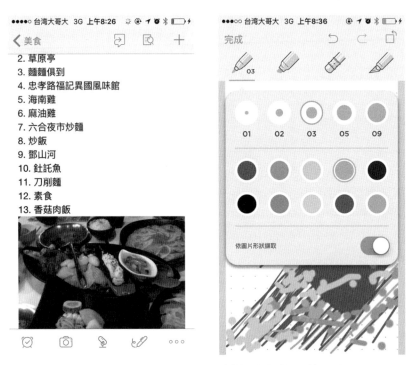

Evernote雲端筆記本是目前很流行的雲端服務

本章習題

1. Kalakota and Whinston認為電子商務可從哪四個不同角度來定義？

2. Kalakota and Whinston（1997）電子商務的發展分為哪五個階段？

3. 請簡述web 3.0的精神。

4. 請說明維基百科的目的。

5. 試說明Web 2.0與Web 1.0的意義與差別。

6. 何謂跨境電商？

7. 何謂網路經濟（Network Economy）？網路效應（Network Effect）？

8. 請簡介擾亂定律（Law of Disruption）。

9. 何謂電子商務自貿區？

10. 請簡述雲端運算。

11. 美國國家標準和技術研究院的雲端運算明確定義了哪三種服務模式？

12. 請簡述私有雲（Private Cloud）。

13. 何謂智慧商務（Smarter Commerce）？

第二章

電子商務的經營模式

　　所謂「經營模式」（Business Model）就是一個企業從事某一領域經營的市場定位和贏利目標，經營模式會隨著時間的演進與實務觀點有所不同，主要是企業用來從市場上獲得利潤，是整個商業計畫的核心。

電商網站有許多不同的經營模式

　　電子商務在網際網路上的經營模式極為廣泛，不論是有形的實體商品或無形的資訊服務，都可能成為電子商務的交易標的。電子商務的經營模式，就是指「電子化企業」（e-business）如何運用資訊科技與網際網路，來經營企業的模式，後來時代與科技的演進，本章中將介紹目前電子商務經由實務應用與交易對象區分，可以分為以下幾種類型。

「共享經濟」的Uber是最新的C2C經營模式

Tips

　　隨著獨立集資、第三方支付等工具在台灣的興起和普及，台灣的「群眾集資」（Crowdfunding）發展逐漸成熟，打破傳統資金的取得管道。所謂群眾集資就是過群眾的力量來募得資金，使C2C模式由生產銷售模式，延伸至資金募集模式，以群眾的力量共築夢想，來支持個人或組織的特定目標。近年來群眾募資在各地掀起浪潮，募資者善用網際網路吸引世界各地的大眾出錢，用小額贊助來尋求贊助各類創作與計畫。

2-1 企業對企業模式

　　「企業對企業間電子商務」（Business-to-Business，簡稱B2B）是指

企業與企業間透過網際網路，整合上下游企業之間的交易資訊，包括所有原料、價格、廠商等資訊，以及存貨管理、客戶服務、競標流程等，都可以在此採購平台上完成，並按照固定合同條款和商業規則進行交易與溝通。早期電子商務跟隨著工業時代的心態，著重於價值導向，講究的是價格、成本控制、庫存效率等，例如國內傳統機械工具機及以外銷為導向的貿易商，傳統上業者有推出新款機種設備，也多是以寄發型錄，或是透過國內外參展來通知買家。

創新新零售是國內相當知名的B2B網路行銷平臺

現在透過B2B網路行銷讓實體虛擬化的呈現，卻能發生真實的交易行為，而不再需要與客戶面對面，大幅縮短消費時間及採購和行銷成本，進而提升企業競爭力，更顯示出了B2B 的重要性。B2B商業模式參與的雙方都是企業，特點是訂單數量金額較大，最簡單的方式就是常見的供應鏈

模式，適用於有長期合作關係的上下游廠商，且需要經常交換資訊，如庫存、採購訂單、發票等，讓「供應鏈」與「配銷鏈」達到縮短與自動化的目標。

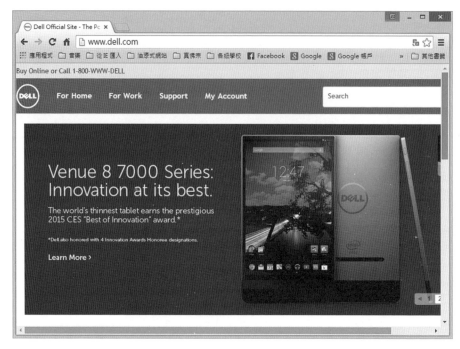

Dell電腦網站是屬於供應鏈模式

> **Tips**
>
> 　　供應鏈（Supply Chain）的觀念源自於物流（Logistics），目標是將上游零組件供應商、製造商、流通中心，以及下游零售商上下游供應商成為夥伴，以降低整體庫存之水準或提高顧客滿意度為宗旨。

　　此外，以B2B電子商務中相當熱門的一個領域—應用軟體租賃服務業（Application Service Provider, ASP）為例，有別於傳統企業內部，需投

入金錢與時間建置各種軟體應用程式，企業只要可以透過網際網路或專線，以租賃的方式向提供軟體服務的供應商承租，定期僅需固定支付租金，即可迅速導入所需之軟體系統，並享有更新升級的服務。

偉盟系統是國內相當知名的ASP軟體服務公司

　　目前B2B的主要模式還是**電子市場型態為主流**，這個市場會引來數千家分散的供應商與許多產業商品的主要購買者接觸，買賣雙方都可在電子市場網站進行交易。通常又可區分為三種常見型態。

2-1-1 電子配銷商

　　「電子配銷商」（e-Distribution）是最普遍的B2B網路市集，將數千家供應商的產品整合到單一線上電子型錄，一個銷售者服務多家企業，主要優點是銷售者可以為大量的客戶提供更好的服務，將數千家供應商的產

品整合到單一電子型錄上，客戶可以從電子型錄訂購產品，並在網站上一次直接購足所需的商品。

Walmart網站是屬於大型電子配銷商的一種

2-1-2 電子採購商

「電子採購商」（e-Procurement）是擁有的許多線上供應商的獨立第三方仲介，因為它們會同時包含供應商和配銷商的型錄，主要優點是可以透過賣方的競標，達到降低價格的目的。**電子採購商**不僅提供廠商或貨品資訊，更提供金流與物流服務，創造線上的電子讓買賣雙方可以在此進行交易，藉由市場媒合服務賺取利潤。例如Ariba網站就是相當成功的**電子採購商**，提供網路產品目錄以聯繫採購商與供應商，並且整合線上採購的分類目錄、運送、保證及金融等方面軟體來協助供應商賣東西給大型採購商。

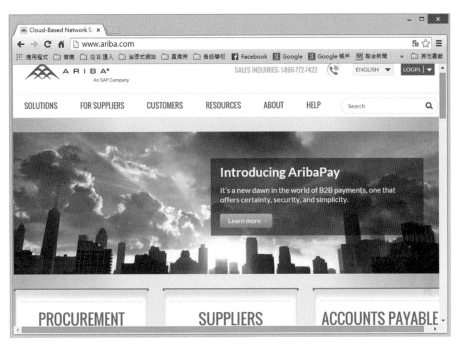

Ariba是全美相當知名的電子採購商

2-1-3 電子交易市集

　　「電子交易市集」（e MarketPlace）在全球電子商務發展中所扮演的角色日趨重要，改變了傳統商場的交易模式，透過網路與資訊科技輔助所形成的虛擬市集，本身是一個網路的交易平台，具有能匯集買主與供應商的功能，其實就是一個市場，各種買賣都在這裡進行。目前企業對於交易市集的要求，早已從單純的產品目錄及交易撮合服務，演變成整體供應鏈效率的提升。

台灣經貿網扮演我國網路貿易推廣及接單中心的角色

Tips

通常電子交易市集又可分為以下兩種：

■ **水平式電子交易市集**（Horizontal Market）：水平式電子交易市集的產品是跨產業領域，可以滿足不同產業的客戶需求。在1998年底推出的阿里巴巴（Alibaba）（http://china.alibaba.com/）網站是目前全球B2B最著名水平式電子交易市集。

■ **垂直式電子交易市集**（Vertical Market）：主要訴求即在於「去中介化」（Disintermediation），不同於提供企業一般需求的水平式電子交易市集，著重在一種特定的產業，進行物料買賣而設的網路市場，必須具有該產業的專業領域知識，擴大賣方接觸的廣度，讓價格透明，多半由各產業的領導者或公會以轉投資公司的形式來建立。

阿里巴巴是大中華圈相當知名的水平式電子交易網站

2-2 企業對客戶模式

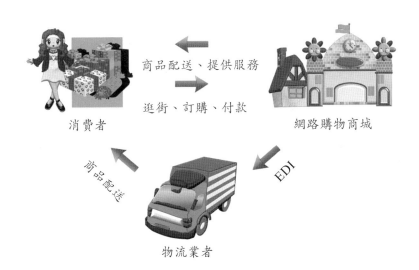

商品配送、提供服務

逛街、訂購、付款

消費者

網路購物商城

商品配送

EDI

物流業者

　　「企業對客戶模式」（Business-to-Customer, B2C）是企業直接以消費者為交易對象，並透過網際網路提供商品、訂購及配送服務，這也是一般人最熟悉的電子商務模式。它的商品類別從日常生活中書籍到即時的金融交易或股票買賣等都可以包括在內，並提供充足的資訊與便利的操作介面吸引網路消費者選購，這樣的概念整合了廣告、資訊取得、金流及物流，來達到直接將銷售商品送達消費者。

博客來網路書店是最典型的B2C網站

　　B2C商業模式是顧客直接與商家接觸，又稱為「消費性電子商務」，是電子商務中最常見的經營模式。這種形式的電子商務一般以網路網零售業為主，以下介紹幾種常見的B2C網站模式：

2-2-1 入口網站

入口網站（portal）是進入WWW的首站或中心點，它讓所有類型的資訊能被所有使用者存取，提供各種豐富個別化的服務與導覽連結功能。當各位連上入口網站的首頁，可以藉由分類選項來達到各位要瀏覽的網站，同時也提供許多的服務，諸如：免費信箱、拍賣、新聞、討論等，例如Yahoo、Google、蕃薯藤、新浪網等。

Yahoo奇摩首頁就是入口網站

2-2-2 線上內容提供者

聯合新聞網是線上內容提供者（ICP）

「線上內容提供者」（Internet Content Provider, ICP）主要是向消費者提供網際網路資訊服務和相關業務，包括了與智慧財產權有關的數位內容產品與娛樂、期刊、雜誌、新聞、音樂，線上遊戲等，由於是數位化商品也能透過網際網路直接讓消費者下載，例如聯合報的線上新聞、KKbox線上音樂網、Youtube等。

KKbox是華人世界最大的線上音樂網

圖片來源http://www.kkbox.com.tw/funky/index.html

　　隨著網際網路的逐漸盛行，線上遊戲的潛在市場大幅倍增，也是屬於線上內容提供者，網路的互動性改變了遊戲的遊玩方式與型態，網路讓遊戲本身突破了其遊戲本身的意義，它塑造了一個虛擬空間，這時結合聲光、動作、影像及劇情的線上遊戲應運而生，短短數年蔚為流行。

線上遊戲十分受到年輕族群的喜愛

2-2-3 線上仲介商

「線上仲介商」（Online Broker）主要的工作是代表其客戶搜尋適當的交易對象，並協助其完成交易，**藉以收取仲介費用**，本身並不會提供商品，包括證券網路下單、線上購票等。1990成立的年代售票系統，是台灣第一個以販售音樂會、演唱會、舞蹈等藝文演出售票的線上仲介商平台，年代售票網站整合網路與實體通路售票（金石堂、7-11等），有數百個實體票點，為目前台灣最大售票平台。

年代售票系統網站

▌ 網路券商

如果您工作忙碌或家務繁雜，那麼網路證券交易將是最適合的投資工具，可讓各位在彈指之間輕鬆理財，隨時可查詢投資狀況及報酬，享有優惠的手續費率，股票網路下單已經成為投資基金、股票很重要的工具，每家證券商也都有提供股票網路下單這樣的服務，甚至於家庭主婦還可以邊做家事邊上網來下單買賣股票喔！

https://www.chinatrust.com.tw/cgi-bin/prod/jsp/ch/home/default.jsphttp://
tw.stock.yahoo.com/s/tse.php

2-2-4 線上零售商

　　「線上零售商」（e-Tailer）是銷售產品與服務給個別消費者，而賺取銷售的收入，使製造商更容易地直接銷售產品給消費者，而除去中間商的部分。在此種模式下，通常商品的運送都是外包給物流提供者，例如亞馬遜網路書店（Amazon）、燦坤網路商城及大都數的網路商店等。

2-2-5 服務提供者

　　「服務提供者」（Service Provider）是比傳統服務提供者更有價值、便利與低成本的網站服務，收入可包括訂閱費或手續費。例如翻開報紙的求職欄，幾乎都被五花八門分類小廣告占領所有廣告版面，而一般正當的公司企業，除了偶爾刊登求才廣告來塑造公司形象外，大部分都改由網路人力銀行中尋找人才。

　　人力銀行就是網路發達之後，一種透過網路平台的一種服務提供者（Service Provider），是目前做為求才公司與求職者的熱門管道。通常應徵者成為該人力銀行會員後，就能前往修改履歷的網頁，填寫個人的基本資料與學經歷。104人力銀行已是國內網路求職求才市場中的領導品牌，提供找工作、找人才之專業便利的求職求才服務，各式分類可讓求職求才者輕鬆的自資料庫中找到目標，包括查詢工作、刊登履歷、薪資行情、職涯測驗、手機找工作等。

2-2-6 線上社群提供者

現在網路的普及除了帶動虛擬社群的發展，也增加了資訊分享的機會。「線上社群提供者」（Online Community Provider, OCP）是聚集相同興趣的消費者形成一個虛擬社群來分享資訊、知識、甚或販賣相同產品。多數線上社群提供者會提供多種讓使用者互動的方式，可以爲聊天、寄信、影音、互傳檔案等。愛情公寓（i-part.com）提供線上結交異性的社群平台服務，服務功能包括聊天室傳情聊天、網路交友、徵友約會聯誼等服務，更結合了紙娃娃、個人房間、虛擬寵物等系統，讓使用者在與對方互動時，不會感到尷尬無聊。

愛情公寓是國內相當知名的交友社群網站

CHAPTER

2

Tips

　　例如透過世界知名的遊戲廠商與地區線上社群合作，從而打入不同的地區市場，目前運用比較多的行銷管道是靠選擇適合的遊戲社群服務網站，這些遊戲社群網站的討論區，一字一句都左右著遊戲在玩家心中的地位，透過專業線上社群網站提升遊戲的曝光與口碑已經是最常見行銷策略。

遊戲基地gamebase

巴哈姆特電玩資訊站

2-3 客戶對客戶型電子商務模式

　　「客戶對客戶型電子商務」（Customer-to-Customer，簡稱C2C），就是個人網路使用者透過網際網路與其他個人使用者進行直接交易的商業行為，主要就是消費者之間自發性的商品交易行為。網路使用者不僅是消費者也可能是商品提供者，供應者透過網路虛擬電子商店設置展示區，提供商品圖片、規格、價位及交款方式等資訊，最常見的C2C型網站就是拍賣網站。至於拍賣平台的選擇，免費只是網拍者的考量因素之一，擁有大量客群與具備完善的網路交易環境才是最重要關鍵。

eBay是全球最大的拍賣網站

　　由於這類網站的交易模式是你情我願，一方願意賣，另一方願意買，這樣的好處是原本在B2C模式中最耗費網站經營者成本的庫存與物流問題，在C2C模式中卻由小型買家和賣家來自行吸收，所以較不會交易上的不公或損失，不過因為價高者得，且每次的交易對象會有很大的差異性，所以拍賣者比較不需要維持其忠誠度。

樂天集團強力推出C2C行動app「Rakuma樂趣買」

「共享經濟」（The Sharing Economy）模式正在日漸成長與普遍，這樣的經濟體系是讓個人都有額外創造收入的可能，就是透過網路平台所有的產品、服務都能被大眾使用、分享與出租的概念，例如類似計程車「共乘服務」（Ride-sharing Service）的Uber，絕大多數的司機開的是自己的車輛，大家可以透過網路平台，只要家中有空車，人人都能提供載客服務。

2-4 消費者對企業模式

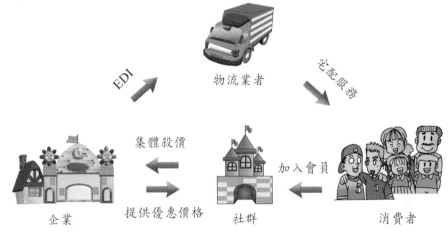

消費者對企業間的電子商務

　　「消費者對企業型電子商務」（Customer-to-Busines，簡稱C2B）是一種將消費者帶往供應者端，並產生消費行為的電子商務新類型，也就是主導權由廠商手上轉移到了消費者手中。在C2B的關係中，則先由消費者提出需求，透過「社群」力量與企業進行集體議價及配合提供貨品的電子商務模式，也就是集結一群人用大量訂購的方式，來跟供應商要求更低的單價。例如近年來團購被市場視為「便宜」代名詞，琳瑯滿目的團購促銷廣告時常充斥在搜尋網站的頁面上，不過團購今日也成為眾多精打細算消費者紛追求的一種現代與時尚的購物方式：

CHAPTER

2

「GOMAJI夠麻吉」團購網經常推出超高CP值的促銷活動

世界相當知名的C2B旅遊電子商務網站Priceline.com主要的經營理念就是「讓你自己定價」，消費者可以在網站上自由出價，並且可以用很低的價錢訂到很棒的四、五星級飯店，該公司所建立的買賣機制是由線上買方出價，賣方選擇是否要提供商品，最後由買方決定成交。Priceline.com就以這樣的機制，為客戶提供機票、飯店房間、租車、機票連飯店組合及旅遊保險的優惠訂購服務。

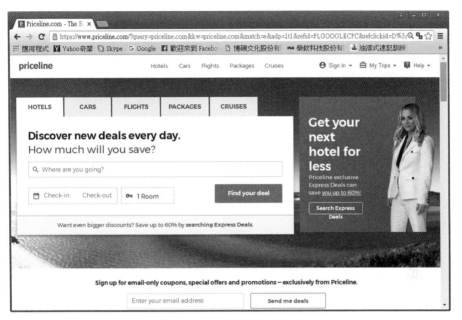

Priceline,com提供了最優惠的全方位旅遊服務

2-5 企業對政府模式

「企業對政府模式」（Business-to-Government，簡稱B2G）即企業
與政府之間通過網路所進行的電子商務交易，可以加速政府單位以企業之
間的互動，提供一個便利的平台供雙方相互提供資訊流或是物流，包括政
府採購、稅收、商檢、管理條例的發佈等，可以節省舟車往返費用，並
且加強行政效率。行政院公共工程委員會提出「政府採購電子化推動計
畫」，並於2000年9月開始推行，已經將重大的公共工程採購導入B2G電
子商務。在政府法令架構下，透過網路進行交易，所有政府採購案，承包
商可在線上競標、發展及傳遞產品，讓採購的作業流程更加公開有效率，
達成節省採購人力與降低採購成本之目標。

政府電子採購網是B2G的典範

2-6 民眾對政府模式

　　民眾對政府模式（Customer-to-Government，簡稱C2G）也就是政府對一般民眾的交易，如繳交稅金、停車場帳單、網上報關、報稅或註冊車輛等，也可透過網路進行。政府機關內部推行電腦化已經有許多年的時間，而且也有了具體的成果。其中各項業務採用相同的資料庫，以及經由電腦間的連線，讓民眾能夠在單一窗口中辦裡各項的業務，並提供以使用者為中心的網路服務平台，鼓勵民眾主動資訊分享與開放討論，達成電子化政府參與式的建構。

財政部網路報稅網站

2-7 企業對員工模式

「企業對員工」模式（Business to Employee，簡稱B2E）是指企業內員工能夠透過網際網路或行動裝置連結公司內部客戶系統與資料庫，隨時隨地查詢各項商品資訊或更新客戶資料，不但能夠提供員工來自動自發解決自己的工作問題，更能提供客戶即時性的服務，以提升服務品質與接單效率，也可以看成是廣義電子商務模式的一種。

對內部分，透過行動化即時資訊強化營運管理與知識管理，增加企業競爭力，最簡單的例子就是在大型量販店中，可以利用行動裝置，從事查補貨的工作，預估各種貨品最佳的供需資訊，減少不必要的存貨風險。對外部分，提供在外業務人員即時與整合的客戶資訊，快速有效地完成工作，滿足客戶或本身的需求。如果有需要，員工也可進一步在任何時間、任何地點進入公司的入口網站（EIP），檢閱最新的公司內部行事曆或更新個人行程。

Tips

　　「企業資訊入口」（EIP），是指在Internet的環境下，將企業內部各種資源與應用系統，整合到企業資訊的單一入口中。EIP也是未來行動商務的一大利器，以企業內部的員工為對象，只要能夠無線上網，為顧客提供服務時，一旦臨時需要資料，都可以馬上查詢，讓員工幫你聰明地賺錢，還能更多元化的服務員工。

　　最簡單的例子是保險從業人員可以透過手提電腦連結公司資料庫，快速查詢保費及保戶相關資料，大幅節省人力及交通成本。在此同時也帶動了所謂「虛擬私有網路」的崛起。由於採用傳統撥接回公司的連線方式不僅費用高，而且使用網際網路傳輸資料，也無法確保通訊安全。

保險從業人員透過EIP可提供保戶更好的服務

　　爲了在讀取資料同時能確保企業網路的安全性，企業可以在網際網路上使用通道及加密建立一個私有的安全網路連接方式，稱爲「虛擬私有網路」（Virtual Private Network, VPN）。B2E不只是訊息交換方式而已，更將滿足企業與員工需求的完整解決方案，EIP往上延伸正是整個企業B2B的外部連結相結合。

裕隆汽車對企業資訊入口（EIP）網站的建立相當成功

Tips

　　「虛擬私有網路」（Virtual Private Network, VPN）是爲了在讀取資料同時能確保企業網路的安全性，企業可以在網際網路上使用通道及加密建立一個私有的安全網路連接方式，可以讓商務人士安全地利用公眾網際網路連結企業網路，且保障資料在網際網路存取過程中，不致於遭到有心人士盜取。

本章習題

1. 請舉出4種電子商務的類型有哪些？

2. 何謂入口網站（portal）？

3. 請簡述應用軟體租賃服務業（Application Service Provider, ASP）。

4. 請說明線上零售商（e-Tailer）的角色。

5. 何謂人力銀行？試說明之。

6. 請簡述電子交易市集（e-Marketplace）。

7. 請描述Priceline.com的特色。

8. 試說明「企業資訊入口」（EIP）。

9. 請簡述P2P模式的特色。

10. 電子採購商（e-Procurement）的優點有哪些？

11. 何謂企業對政府模式（Business-to-Government，簡稱B2G）？

12. 什麼是「虛擬私有網路」（Virtual Private Network, VPN）？功能為何？

13. 試舉例說明服務提供者（Service Provider）。

第三章

電子商務的架構與七種流

　　面臨全球商業環境變遷對各產業所造成的影響，電子商務已經成爲產業衝擊下的一股勢不可擋的潮流。經濟部商業司將電子商務定義爲：「電子商務是指任何經由電子化形式所進行的商業交易活動」，而與傳統商務之最大不同，就是這些商務活動都是透過網際網路的環境下進行，並且不斷打破一些習以爲常的傳統商業思維，不斷地創新商業模式。

淘寶網為亞洲最成功的電子商城，提供千奇百怪的產品

3-1 電子商務的架構

　　關於電子商務的架構，有許多學者提出了不同的見解，隨著角度或角色的差異也有各種不同的看法，在各自表述的電子商務之架構，自然會有不同的解讀。從宏觀的角度來看，**我們特別**以卡納科特（Kalakota）和溫斯頓（Whinston）在1997年提出電子商務的架構是較完整的架構，包含了兩大支柱以及四大基礎建設。在這穩固的支柱和基礎上，架構了完整的相關應用，並且以產業區隔為導向，是指利用網際網路進行購買、銷售或交換產品與服務。

電子商務架構圖建立在兩大支柱與四大基礎建設之上

3-1-1 公共政策與技術標準

　　卡納科特和溫斯頓對於電子商務架構所描述的兩大支柱（Two supporting pillars），分別是公共政策（Public policy）與技術標準（Technical standards），唯有這兩大支柱的配合下，才能讓電子商務有夠健全的發展。分別說明如下：

■ 公共政策

　　傳統商業模式可由現行的商業法規來管轄，但是電子商務是網路高科技下的產物，可能製造出許多前所未有的問題，必須要制定相關的公共政策（Public policy）及法律條文來配合，包括著作權法、隱私權保障、電子簽章法、消費者保護法、非法交易的偵察、個人資料保護法、網路資訊的監督以及資訊定價等。

■ 技術標準

　　技術標準（Technical standard）是為了確定網際網路技術的相容性與標準性，包括文件安全性、網路通訊協定、訊息交換的標準協定等，以便在不同的傳輸系統之間有最好的管理，在任何狀況下仍然能夠保持通訊的暢通。

不建立共通的標準，就如同兩個人說不同語言，變成雞同鴨講

3-1-2 一般商業服務架構

　　在網際網路上從事交易行為，由於面對的是虛擬世界，線上交易安全是首要的條件。電子商務只要解決交易的細節問題，那麼商業世界的結構將在網路商務以及網際網路的影響下整個改觀。一般商業服務架構（Common Business Service Infrastructure）主要是解決線上付款工具的不足（如電子錢包），保障安全交易及安全的線上付款工具的相關技術與服務，來確保資訊在網路上傳遞的安全性及防止冒名交易，包括安全技術、驗證服務、電子付款與電子型錄等。

MasterPass電子錢包可以整合多張信用卡與雙重安全防護系統

Tips

　　「電子錢包」（Electronic Wallet）是一種符合安全電子交易的電腦軟體，就是你在網路上購買東西時，可直接用電子錢包付錢，而不會看到個人資料，將可有效解決網路購物的安全問題。

3-1-3 訊息及資訊分配架構

　　數位化資訊在網路上傳送時，是由一連串的0和1所組成，要成功進行電子交易的過程中，訊息及資訊分配架構（Messaging and Information Distribution Infrastructure）必須提供格式化及非格式化資料進行交換媒介，包括了電子資料交換（EDI）、電子郵件與超文件傳送（http）等議題。

Tips

　　超文件傳輸協定（HyperText Transfer Protocol, HTTP）是用來存取WWW上的超文字文件（hypertext document），例如http://www.yam.com.tw（蕃薯藤URL）。

3-1-4 多媒體內容及網路出版基礎架構

　　資訊高速公路是實現多媒體資料傳輸的一個傳送基礎架構，其中全球資訊網可以說是目前網路出版最普及的資訊結構，它讓Internet原本生硬的文字介面，取而代之的是聲音、文字、影像、圖片及動畫的多媒體交談介面，WWW利用「超文字標示語言」（Hyper Text Markup Language, HTML）的描述，出版於Web伺服器上面供使用者瀏覽。例如早期的電子郵件內容只有文字模式，而現今由於多媒體技術的快速發展及通訊協定（Multipurpose Internet Mail Extention, MIME）的問世，使得e-mail也可

以傳送多媒體檔案,如圖畫、聲音、動畫等。所謂多媒體內容及網路出版基礎架構(Multimedia Content and Network Publishing Infrastructure)!包含XML、JAVA、WWW來提供一個統一的資訊出版環境。

Tips

「可延伸標記語言」(eXtensible Markup Language, XML)中文譯為「可延伸標記語言」,可以定義每種商業文件的格式,並且能在不同的應用程式中都能使用,由全球資訊網路標準制定組織W3C,根據SGML衍生發展而來,是一種專門應用於電子化出版平台的標準文件格式。

3-1-5 網路基礎架構

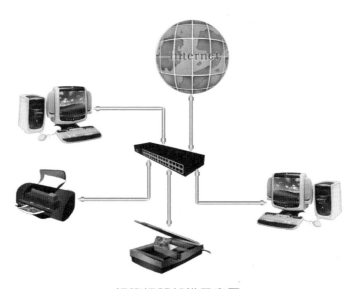

網際網路架構示意圖

網路基礎架構（Network Infrastructure）提供電子化資料的實際傳輸，整合不同類型的傳送系統及傳輸網路，包括區域網路、電話線路、有線電視網、無線通訊、網際網路及衛星通訊系統，這個架構是推動電子商務必備的基礎建設。

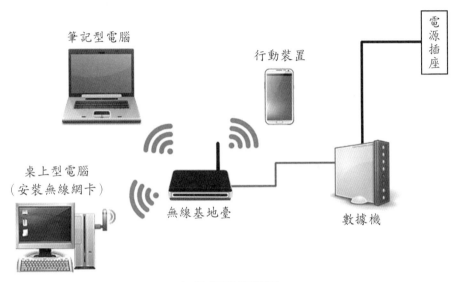

無線網路架構圖

3-2 常見電子商務應用簡介

電子商務系統相關的人員，大部分都是接觸此一層面，包含各種領域的不同服務產業，本層具有以下主要功能：供應鏈管理、隨選視訊服務、網路銀行、網路化採購、網路行銷廣告、線上購物等。

3-2-1 供應鏈管理

供應鏈（Supply Chain）的觀念源自於物流（Logistics），包含從原物料到達最終消費者的製造與產品運送的所有活動，而供應鏈管理（supply chain management, SCM）理論的目標是將上游零組件供應商、製造商、流通中心，以及下游零售商上下游供應商成為夥伴，以降低整體庫存之水準或提高顧客滿意度為宗旨。如果企業能作好供應鏈的管理，可大為提高競爭優勢，而這也是企業不可避免的趨勢。

順發3C量販店的供應鏈管理相當成功

3-2-2 隨選視訊

　　隨著寬頻上網逐漸風行，有線電視也結合網路功能，吹起了互動電視的風潮，隨選視訊（Video On Demand, VoD）服務是互動電視眾多的功能之一。隨選視訊是一種嶄新的視訊服務，使用者可不受時間、空間的限制，透過網路隨選並即時播放影音檔案，並且可以依照個人喜好「隨選隨看」，不受播放權限、時間的約束。由於影音檔案較大，為了能克服檔案傳輸的問題，VoD使用串流技術來傳輸，也就是不需要等候檔案下載完。

就可以在檔案傳輸的同時就同步播放，使用者可以隨時隨地主動選擇想看的節目，還可以控制檔案的播放方式，例如暫停、快轉、倒轉等。

　　目前VoD技術已被廣泛應用在遠距教學、線上學習、電子商務，未來還可能發展到電影點播、新聞點播等方面。中華電信所推出的MOD（Multimedia on Demand）服務，不但有隨選的功能收看電視與電影等影音節目，頻寬問題較VOD來的好，節目也比較多，讓各位享受看電視看到盡興的樂趣，更可擴大到各類型的加值服務。

中華電信MOD網頁

3-2-3 網路銀行

　　目前金融機構對於客戶所提供的金融加值型服務，早已由隨處可見的

自動櫃員機（ATM）進展到目前的網路銀行（Internet Bank）。網路銀行係指客戶透過網際網路與銀行電腦連線，無須受限於銀行營業時間、營業地點之限制，隨時隨地從事資金調度與理財規劃，並可充分享有隱密性與便利性，即可直接取得銀行所提供之各項金融服務，現代家庭中有許多五花八門的帳單，都可以透過電腦來進行網路轉帳與付費。

中國信託網路銀行

3-2-4 採購與購買

　　購買（Purchase）是狹義的採購，僅限於以「買入」（Buying）的方式取得物品，採購（procurement）是指企業為實現企業銷售目標，在充分了解市場要求的情況下，從外部引進產品、服務與技術的活動。透過網路來採購是電子商務常見的應用，又稱為「電子採購」（e-Procurement），利用網路技術將採購過程脫離傳統的手動作業流程，大量向產

品供應商或零售商訂購，可以大幅提升採購與發包作業效率，進而增加企業獲利。

IBM所提供的客製化電子採購系統

3-2-5 網路行銷與廣告

電子商務的優勢，已經得到高度的認同，數位行銷也可以說網路行銷，就是透過網路來達成行銷的目的或行為。企業選擇線上行銷，不僅僅是為了銷售產品，更多的是為了品牌推廣和企業形象的建立。網路科技與行銷活動的整合，可加速企業實現許多行銷相關能力的競爭優勢。線上廣告也稱為網路廣告，與傳統廣告不同，網路廣告較可以給予廣告主較精準針對廣告客戶群與消費者量身訂作不同的廣告。

現代人的生活每天都受到網路廣告的影響

3-2-6 居家購物

　　電子商務已經躍為今日現代商業活動的主流，不論是傳統產業或新興科技產業都深受電子商務這股潮流的影響。消費者只要透過家中的個人電腦連線即可輕鬆上網購物，不但改變人民生活型態，也衝擊到銷售通路結構。透過網路進行購物不再是少數，例如大買家網路量販店，就是集合眾多優質日常生活產品的網路購物平台，對消費者承諾「買的便宜買的安心」（Save & Safe），是一個應有盡有的量販百貨網路大賣場。

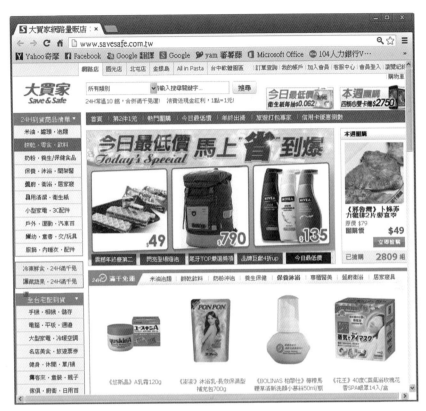

大買家網站有相當齊全的日常生活用品

3-3 電子商務的七流

　　網際網路普及背後孕育著龐大商機，但電子商務仍然面臨商業競爭與來自消費者的挑戰。對現代企業而言，電子商務已不僅僅是一個嶄新的配銷通路模式，最重要是提供企業一種全然不同的經營與交易模式。透過e化的角度，可將電子商務分為七個流（flow），其中有四種主要流（商流、物流、金流、資訊流）與三種次要流（人才流、服務流、設計流），分述如下。

電子商務的四種主要流（商流、物流、金流、資訊流）

3-3-1 商流

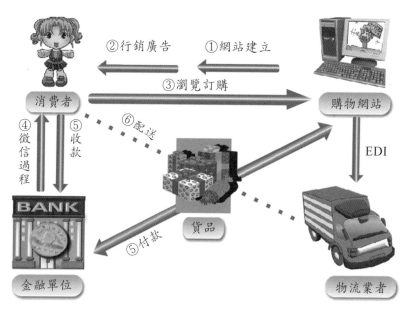

商流是指交易作業的流通及所有權移轉過程

　　電子商務的本質是商務，商務的核心就是商流，「商流」是指交易作業的流通，或是市場上所謂的「交易活動」，是各項流通活動的主軸，代表資產所有權的轉移過程，內容則是將商品由生產者處傳送到批發商手後，再由批發商傳送到零售業者，最後則由零售商處傳送到消費者手中的商品販賣交易程序。商流屬於電子商務的後端管理，包括了銷售行為、商情蒐集、商業服務、行銷策略、賣場管理、銷售管理等活動。

3-3-2 金流

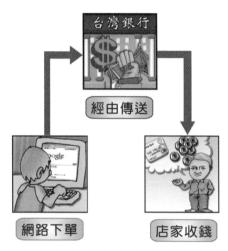

金流傳送過程示意圖

　　金流就是網站與顧客間有關金錢往來與交易的流通過程，是指資金的流通，簡單的說，就是有關電子商務中「錢」的處理流程，包含應收、應付、稅務、會計、信用查詢、付款指示明細、進帳通知明細等，並且透過金融體系安全的認證機制完成付款。早期的電子商務雖仍停留在提供資訊、協同作業與採購階段，未來是否能將整個交易完全在線上進行，關鍵就在於「金流e化」的成功與否。

Tips

　　「金流e化」也就是金流自動化，在網路上透過安全的認證機制，包括成交過程、即時收款與客戶付款後，相關地自動處理程序，目的在於維護交易時金錢流通的安全性與保密性。目前常見的方式有貨到付款、線上刷卡、ATM轉帳、電子錢包、手機小額付款、超商代碼繳費等。

玉山銀行提供多種優質電商金流服務方案

3-3-3 物流

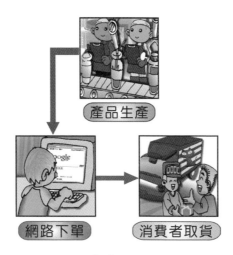

產品生產

網路下單　消費者取貨

物流過程

　　「物流」（logistics）是電子商務模型的基本要素，定義是指產品從生產者移轉到經銷商、消費者的整個流通過程，透過有效管理程序，並結合包括倉儲、裝卸、包裝、運輸等相關活動。電子商務必須有現代化物流技術作基礎，才能在最大限度上使交易雙方得到方便性。由於電子商務主要功能是將供應商、經銷商與零售商結合一起，因此電子商務上物流的主要重點就是當消費者在網際網路下單後的產品，廠商如何將產品利用運輸工具就可以抵達目地的，最後遞送至消費者手上的所有流程。

黑貓宅急便是很優秀的物流團隊

　　通常當經營電商網站進入成熟期，接單量愈來愈大時，物流配送是電子商務不可缺少的重要環節，重要性甚至不輸於金流！目前常見的物流運送方式有郵寄、貨到付款、超商取貨、宅配等，對於少數虛擬數位化商品和服務來說，也可以直接透過網路來進行配送與下載，如各種電子書、資訊諮詢服務、付費軟體等。

成功的物流管理帶來沃爾瑪的卓越經營成果

3-3-4 資訊流

　　資訊流是一切電子商務活動的核心，指的是網路商店的架構，泛指商家透過商品交易或服務，以取得營運相關資訊的過程。所有上網的消費者首先接觸到的就是資訊流，包括商品瀏覽、購物車、結帳、留言版、新增會員、行銷活動、訂單資訊等功能。企業應注意維繫資訊流暢通，以有效控管電子商務正常運作，一個線上購物網站最重要的就是整個網站規劃流程，好的網站架構就好比一個好的賣場，消費者可以快速的找到自己要的產品。

受歡迎的網站必定有良好的資訊流

3-3-5 服務流

　　服務流是以消費者需求為目的，為了提升顧客的滿意度，根據需求把資源加以整合，所規劃一連串的活動與設計，並且結合商流、物流、金流與資訊流，消費者可以快速找到自己要的產品與得到最新產品訊息，廠商也可以透過留言版功能得到最即時的消費者訊息，包含售後服務，以就市在交易完成後，可依照產品服務內容要求服務。有些出版社網站經常辦促銷與贈品活動，也會回答消費者買書的相關問題，甚至辦簽書會讓作者與讀者面對面討論。

服務流的好壞對網路買家有很大的影響

3-3-6 設計流

設計流泛指網站的規劃與建立，涵蓋範圍包含網站本身和電子商圈的商務環境，就是依照顧客需求所研擬之產品生產、產品配置、賣場規劃、商品分析、商圈開發的設計過程。設計流包括設計企業間資訊的分享與共用與強調顧客介面的友善性與個人化。重點在於如何提供優質的購物環境和建立方便、親切、以客為尊的服務流，甚至都可透過網際網路和合作廠商，甚至是消費者共同設計或是修改。例如Apple Music是一般人休閒時相當優質的音樂播放網站，不但操作介面秉持著APPLE軟體一貫簡單易用的設計原則，使用智慧型播放列表還可以組合出各式各樣的播放音樂方式，這就是結合多項服務所產生一種連續性服務流。

Apple Music網站的設計流相當成功

Tips

　　蘋果公司所推出的Apple Music，提供了類似Spotify、KKbox、Youtube、LINE MUSIC、Pandora的串流音樂服務，可以讓我們在網路上聽歌，只要每個月支付固定費用，就可以收聽雲端資料庫中的所有歌曲。Apple Music提供的不僅是龐大的雲端歌曲資料庫 最重要的是能夠分析使用者聽歌習慣的服務。

3-3-7 人才流

　　電子商務高速成長的同時，人才問題卻成了上萬商家發展的瓶頸，人才流泛指電子商務的人才培養，以滿足現今電子商務熱潮的人力資源需

求。電子商務所需求的人才，是跨領域、跨學科的人才，因此這類人才除了要懂得電子商務的技術面，還需學習商務經營與管理、行銷與服務。

經濟部經常舉辦電子商務人才培訓計畫

本章習題

1. 請介紹資訊流的意義。
2. 試簡述供應鏈管理（supply chain management, SCM）理論。
3. 網路銀行的功用為何？
4. 請說明隨選視訊的特點。
5. 請簡述電子採購（e-Procurement）。
6. 請說明商流的意義。

7. 請解釋物流（logistics）的定義。

8. 何謂設計流？試說明之。

9. 試簡述沃爾瑪主要成功的原因。

10. 訊息及資訊分配架構

11. 試簡述金流e化的內容。

12. 請簡述採購與購買的差異。

第四章

電子商務基礎建設與服務

　　網路（Network）可以視為是包括硬體、軟體與線路連結或其它相關技術的結合，並將兩台以上的電腦連結起來，使相距兩端的使用者能即時進行溝通、交換資訊與分享資源。網路讓多位使用者可以立即存取網路上的共享資料與程式，而且不需在他們自己的電腦上各自保存資料與程式備份。電子商務就是透過網際網路買賣商品和服務的業務，如今全球已有數億上網人口，消費者已經更習慣透過網路來尋找與蒐集資訊，正當資訊科技高速發展的今日，現代網路技術的發展已經與電子商務發展密不可分，朝向更多元與創新的趨勢邁進。

Tips

　　乙太網路（Ethernet）是目前最普遍的區域網路存取標準，起源於1976年Xerox PARC將乙太網路正式轉為實際的產品，1979年DEC、Intel、Xerox三家公司（稱為DIX聯盟）試圖將Ethernet規格交由IEEE協會（電子電機工程師協會）制定成標準。IEEE並公布適用於乙太網路的標準為IEEE802.3規格，直至今日IEEE 802.3和乙太網路意義是一樣的，一般我們常稱的「乙太網路」，都是指IEEE 802.3 CSMA/CD中所規範的乙太網路。

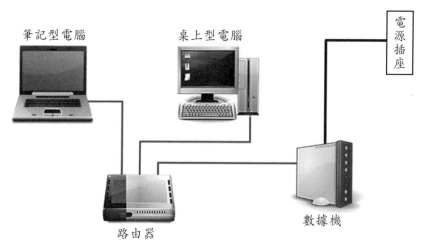

筆記型電腦　　　　桌上型電腦　　　　　　電源插座

數據機

路由器

乙太網路簡單架構示意圖

4-1 通訊網路簡介

　　電子商務本身是交易的場域，而交易的地點是發生在網路，因此認識電子商務的同時，當然首先要對網路有所了解。「網路」（Network），最簡單的定義就是利用一組通訊設備，透過各種不同的媒介體，將兩台以上的電腦連結起來，讓彼此可以達到「資源共享」與「傳遞訊息」的功用。

1. 資源共享：包含在網路中的檔案或資料與電腦相關設備都可讓網路上的用戶分享、使用與管理。
2. 訊息交流：電腦連線後可讓網路上的用戶彼此傳遞訊息與交流資訊。

CHAPTER

4

　　一個完整的通訊網路系統元件，不只包括電腦與其周邊設備，甚至可包含電話、手機、PDA等。也就是說，任何一個透過某個媒介體相互連接架構，可以彼此進行溝通與交換資料，即可稱之為「網路」。歷史上的第一個網路即是以電話線路為基礎，也就是「公共交換電話網路」（Public Switched Telephone Network, PSTN）。而連結的媒介體除了常見的雙絞線、同軸電纜、光纖等實體媒介，甚至也包括紅外線、微波等無線傳輸模式。

4-1-1 通訊網路規模

　　如果依照通訊網路的架設規模與傳輸距離的遠近，可以區分為三種網路型態：

1.區域網路（Local Area Network, LAN）

　　「區域網路」是一種最小規模的網路連線方式，涵蓋範圍可能侷限一個房間、同一棟大樓或者一個小區域內，達到資源共享的目的：

區域網路是最小規模的網路系統

2.都會網路（**Metropolitan Area Network, MAN**）

　　「都會網路」的涵蓋區域比區域網路更大，可能包括一個城市或大都會的規模。簡單的說，就是數個區域網路連結所構成的系統：

校園中的網路系統屬於一種都會網路系統

3.廣域網路（**Wide Area Network, WAN**）

　　「廣域網路」的範圍則更廣，連接無數個區域網路與都會網路，可能是都市與都市、國家與國家，甚至於全球間的聯繫。例如一家公司總部與製造廠可能位在一個城市，而它的業務辦公室卻位於另一城市。像是網際網路則是利用光纖電纜或電話線將廣大範圍內分散各處的區域網路連結在一起，是最典型的廣域網路。

廣域網路示意圖

4-1-2 主從式網路與對等式網路

如果我們從資源共享的角度來說，通訊網路中電腦間的關係，可以區分為「主從式網路」與「對等式網路」兩種：

■ 主從式網路

通訊網路中，安排一台電腦做為網路伺服器，統一管理網路上所有用戶端所需的資源（包含硬碟、列表機、檔案等）。優點是網路的資源可以共管共用，而且透過伺服器取得資源，安全性也較高。缺點是必須有相當專業的網管人員負責，軟硬體的成本較高：

主從式網路示意圖

■ 對等式網路

　　在對等式網路中，並沒有主要的伺服器，每台網路上的電腦都具有同等級的地位，並且可以同時享用網路上每台電腦的資源。優點是架設容易，不必另外設定一台專用的網路伺服器，成本花費自然較低。缺點是資源分散在各部電腦上，管理與安全性都有缺陷。

對等式網路示意圖

4-2 通訊網路拓樸

　　所謂通訊網路連結型態，也就是網路連線的實體排列形狀，或稱為「實體拓樸」（Topolopy）而因為傳輸媒介與連線裝置的不同，以下是三種常見的連結型態：

4-2-1 星狀拓樸

　　星狀拓樸（Star Topology）會以某個網路設備為中心，通常是集線器。以放射狀方式，透過獨立纜線連接每一個系統。傳送訊息時，傳送端的電腦會將訊號傳給設備中心，由它來決定路徑及傳送與否，再將訊息傳送至接收端的電腦：

星狀拓樸示意圖

優點：如果有一台電腦出現問題，只會影響到該電腦，不致於癱瘓整個網路。由於此種網路是屬於中樞控制架構，在擴充及管理時都頗為方便。

缺點：每台電腦都需要一條網路線與中心集線器相連，使用線材較多，成本也較多。另外當中心節點集線器故障時，則有可能癱瘓整個網路。

4-2-2 環狀拓樸

環狀拓樸（Ring Topology）以電腦的連接埠為開始，連接下一個工作站的接收埠，將所有電腦依序連接，串成一個環形。傳送訊息時，會以順時針或逆時針的固定方向，經過時會由工作站進行判讀訊號，如果訊號不屬於自己，會將訊號傳遞給下一台電腦：

環狀拓樸示意圖

優點：優點是網路上的每台電腦都處於平等的地位，也沒有一個中央控管單位來進行資源的分配與管理，所以每台電腦傳遞訊息的機會都相等。另外因為訊號傳遞為單方向，傳遞路徑大為簡化，訊號不會有衰減（attenuation）現象。

缺點：當網路上的任一台電腦或線路故障，網路上其它電腦都會受到影響。

4-2-3 匯流排拓樸

匯流排拓樸（Bus Topology）也稱為直線型網路，各個設備會透過個別纜線連接到一條主幹線上，以匯流方式來串接所有電腦。當裝置欲傳送訊息時，必須先判斷傳輸媒體是否有使用。在匯流排上一次只能有一台電腦傳送訊息，而且只有目的電腦才會接收此訊息：

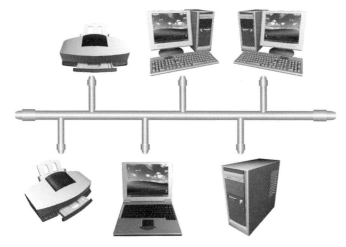

匯流排拓樸示意圖

優點：由於電腦與周邊設備都在此匯流排上，安裝與擴充捨設備都很容易，成本花費也較低。

缺點：當新增或移除此網路上的任何節點時，必須中斷網路的功能，當傳輸出現問題時，由於只利用一條匯流排，所以其他網路上的節點也會受到影響。另外整個網路的規模或範圍不能太大，否則會降低傳輸效率。

4-2-4 通訊傳輸方向

通訊網路依照通訊傳輸方向來分類，可以區分為三種模式：

■ 單工

單工（simplex）是指傳輸資料時，只能做固定的單向傳輸，所以一般單向傳播的網路系統，都屬於此類，例如有線電視網路、廣播系統、擴音系統等。

■ 半雙工

半雙工（half-duplex）是指傳輸資料時，允許在不同時間內互相交替單向傳輸，也就是同一時間內只能單方向由一端傳送至另一端，無法雙向傳輸，例如業餘無線電愛好者（火腿族）或工程人員所用的無線電對講機。

■ 全雙工

全雙工（full-duplex）是指傳輸資料時，即使在同一時間內也可同步進行雙向傳輸，也就是收發端可以同時接收與發送對方的資料，例如日常使用的電話系統雙方能夠同步接聽與說話、電腦網路連線完成後可以同時上傳或下載檔案。

Tips

所謂「頻寬」（bandwidth），是指固定時間內網路所能傳輸的資料量，通常在數位訊號中是以bps表示，即每秒可傳輸的位元數（bits per second），其他常用傳輸速率如下：

Kbps：每秒傳送仟位元數。

Mbps：每秒傳送百萬位元數。

Gbps：每秒傳送十億位元數。

4-3 網際網路的興起

　　網際網路最簡單的說法就是一種連接各種電腦網路的網路，以TCP/IP為它的網路標準，也就是說只要透過TCP/IP協定，就能享受Internet上所有一致性的服務。網際網路上並沒有中央管理單位的存在，而是數不清的個人網路或組織網路，這網路聚合體中的每一成員自行營運與付擔費用。網際網路的誕生，其實可追溯到1960年代美國軍方為了核戰時仍能維持可靠的通訊網路系統，而將美國國防部內所有軍事研究機構的電腦及某些軍方有合作關係大學中的電腦主機是以某種一致且對等的方式連接起來，這個計畫就稱ARPANET網際網路計畫（Advanced Research Project Agency, ARPA）。

網際網路帶來了現代社會的巨大變革

　　由於網際網路的運作成功，加上後來美國軍方為了本身需要及管理方便則將ARPANET分成兩部分；一個是新的ARPANET供非軍事之用，另一個則稱為MILNET。直到80年代國家科學基金會（National Science Foundation, NSF）以TCP/IP為通訊協定標準的NSFNET，才達到全美各大機構資源共享的目的。事實上，網際網路並不是代表著某一種實體網路，而是嘗試將橫跨全球五大洲的電腦網路連結一個全球化網路聚合體。這些電腦網路可以包括美國白宮的網路，微軟總裁比爾蓋茲的網路系統、日本首相桌上的個人電腦、甚至於台灣各中小企業、校園網路、大小網咖中的網路系統，都可以算是網際網路的成員之一。

Tips

　　ISP是Internet Service Provider（網際網路服務提供者）的縮寫，所提供的就是協助用戶連上網際網路的服務。像目前大部分的一般用戶都是使用ISP提供的帳號，透過數據機連線上網際網路，另外如企業租用專線、架設伺服器、提供電子郵件信箱等，都是ISP所經營的業務範圍。

4-3-1 TCP/IP協定

　　傳輸通訊協定（Transmission Control Protocol, TCP）是一種「連線導向」資料傳遞方式。也就是說，當發送端發出封包後，接收端接收到封包時必須發出一個訊息告訴接收端：「我收到了！」，如果發送端過了一段時間仍沒有接收到確認訊息，表示封包可能遺失，必須重新發出封包。基本上，TCP的資料傳送是以「位元組流」來進行傳送，資料的傳送具有「雙向性」。建立連線之後，任何一端都可以進行發送與接收資料，而它也具備流量控制的功能，雙方都具有調整流量的機制，可以依據網路狀況來適時調整。

　　「網際網路協定」（Internet Protocol, IP）是TCP/IP協定中的運作核心，存在DoD網路模型的「網路層」（network layer），也是構成網際網路的基礎，是一個「非連接式」（Connectionless）傳輸通訊協定，主要是負責主機間網路封包的定址與路由，並將封包（packet）從來源處送到目的地。而IP協定可以完全發揮網路層的功用，並完成IP封包的傳送、切割與重組。也就是說可接受從傳輸所送來的訊息，再切割、包裝成大小合適IP封包，然後再往連結層傳送。

Tips

　　任何連上Internet上的電腦，我們都叫做「主機」（host），只要是Internet上的任一部主機都有唯一的識別方法去辨別它。換個角度來說，各位可以想像成每部主機有獨一無二的網路位址，也就是俗稱的網址，IP位址就是「網際網路通訊定位址」（Internet Protocol Address, IP Address）的簡稱。一個完整的IP位址是由4個位元組，即32個位元組合而成。而且每個位元組都代表一個0～255的數字。

4-3-2 網域名稱系統（DNS）

　　由於IP位址是由一連串的數字所組成，但是這樣的數字並不適宜人類記憶。為了方便IP位址的記憶與使用，於是想出了在連線指定主機位址時，以實際的英文縮寫名稱來取代IP位址的使用。例如使用類似www.zct.com.tw這樣的「網域名稱」（Domain Name），您就可以得知這是用來連接至榮欽科技的網站。www代表這個網站提供全球資訊網服務，zct是上奇科技的英文名稱縮寫，com表示這是個商業（commerce）組織，而tw代表這個網站是位於台灣（Taiwan）地區。

　　在網路運作中，只有IP位址才可以當作資料傳送時實際的目的位址。所以如果在連線時使用網域名稱來指定連線主機，則作業系統會先對

DNS伺服器進行IP位址的對照查詢，在取得目的主機的IP位址後，再進行IP封包的傳送。不過世界上的主機何其多，不可能將所有的查詢服務集中在幾台伺服器上，也不可能每一台DNS伺服器都建構有完整的IP位址與名稱對照之資料庫，所以DNS在建構時是採取階層式的管理方式，如下圖所示：

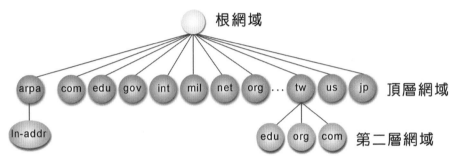

DNS的階層架構

國家領域主要是以ISO 3166中所訂立的各國英文名稱縮寫爲主；而一般網域則是依組織的性質來區分，包括了商業組織（com）、教育單位（edu）、政府機關（gov）、網路機構（net）等，上圖所顯示的只是最初所訂立的七個領域名稱，隨著時代的演進，還陸續增加有許多新的名稱；至於反向領域，則是用來將IP位址對照至網域名稱之用。

第二層網域可以向一些公信機構申請，而第二層網域以下則向各國家下的網路管理機構由請即可；每一層網域名稱都會以.加以區隔，例如若在tw網域下還有edu網域，而edu網域下有一台主機其名稱爲www，則其網域名稱會是www.edu.tw.。由於世界各地的主機數量十分龐大，所以在DNS的管理與查詢方面，是採取階層式的方式，每一個階層負責管理其下層網域的名稱對照工作，如果遇到客戶端所要求的名稱無法對照至IP位址時，則會向上層進行查詢。

「網域名稱」（Domain Name）的命名方式，是以一組英文縮寫來代

表以數字爲主的IP位址。而其中負責IP位址與網域名稱轉換工作的電腦，則稱爲「網域名稱伺服器」（Domain Name Server, DNS）。這個網域名稱的組成是屬於階層性的樹狀結構。共包含有以下四個部分：

主機名稱、機構名稱、機構類別、地區名稱

例如榮欽科技的網域名稱如下：

以下網域名稱中各元件的說明：

元件名稱	特色與說明
主機名稱	指主機在網際網路上所提供的服務種類名稱。例如提供服務的主機，網域名稱中的主機名稱就是「www」，如www.zct.com.tw，或者提供bbs服務的主機，開頭就是bbs，例如bbs.ntu.edu.tw。
機構名稱	指這個主機所代表的公司行號、機關的簡稱。例如grandtech（上奇）、微軟（microsoft）、zct（榮欽科技）。
機構類別	指這個主機所代表單位的組織代號。例如www.zct.com.tw，其中com就表示一種商業性組織。
地區名稱	指出這個主機的所在地區簡稱。例如www.grandtech.com.tw（上奇的網站），這個tw就是代表台灣。

常用的機構類別與地區名稱簡稱如下：

機構類別	說明
edu	代表教育與學術機構
com	代表商業性組織
gov	代表政府機關單位
mil	代表軍事單位
org	代表財團法人、基金會等非官方機構
net	代表網路管理、服務機構

常用的機構類別名稱如下：

地區名稱代號	國家或地區名稱
at	奧地利
fr	法國
ca	加拿大
be	比利時
jp	日本

4-3-3 全球資源定位器（URL）

　　當各位打算連結到某一個網站時，首先必須知道此網站的「網址」，網址的正式名稱應為「全球資源定位器」（URL）。簡單的說，URL就是WWW伺服主機的位址用來指出某一項資訊的所在位置及存取方式。嚴格一點來說，URL就是在WWW上指明通訊協定及以位址來享用網路上各式各樣的服務功能。使用者只要在瀏覽器網址列上輸入正確的URL，就可以取得需要的資料，例如「http://www.yahoo.com.tw」就是Yahoo!奇摩網站的URL，而正式URL的標準格式如下：

protocol://host[:Port]/path/filename

其中protocol代表通訊協定或是擷取資料的方法，常用的通訊協定如下表：

通訊協定	說明	範例
http	HyperText Transfer Protocol，超文件傳輸協定，用來存取WWW上的超文字文件（hypertext document）。	http://www.yam.com.tw（蕃薯藤URL）
ftp	File Transfer Protocol，是一種檔案傳輸協定，用來存取伺服器的檔案。	ftp://ftp.nsysu.edu.tw/（中山大學FTP伺服器）
mailto	寄送E-Mail的服務	mailto://eileen@mail.com.tw
telnet	遠端登入服務	telnet://bbs.nsysu.edu.tw（中山大學美麗之島BBS）
gopher	存取gopher伺服器資料	gopher://gopher.edu.tw（教育部gopher伺服器）

host可以輸入Domain Name或IP Address，[:port]是埠號，用來指定用哪個通訊埠溝通，每部主機內所提供之服務都有內定之埠號，在輸入URL時，它的埠號與內定埠號不同時，就必須輸入埠號，否則就可以省略，例如http的埠號為80，所以當我們輸入Yahoo!奇摩的URL時，可以如下表示：

http://www.yahoo.com.tw:80/

由於埠號與內定埠號相同，所以可以省略「:80」，寫成下式：

http://www.yahoo.com.tw/

4-4 網際網路熱門服務功能

由於網際網路（Internet）的蓬勃發展，帶動人類有史一來，最大規模的資訊與社會革命，無論是民族、娛樂、通訊、政治、軍事、外交等方面，無一不受到Internet的影響。只要各位連上Internet，就可以輕鬆享用全世界伺服器上所提供的各種資訊服務。接下來我們就為您介紹Internet上較常見的服務功能：

4-4-1 網路廣播

網路廣播（Podcast）是Web 2.0時代網路上相當熱門的新功能，Podcast是蘋果電腦的iPod和Broadcast兩字的結合，同時具備MP3隨身聽與網路廣播的功能。Podcast是數位廣播技術的一種，簡單來說，它就是一種「可訂閱、下載及自行發佈的網路廣播」。它和傳統廣播的最大不同點在於用戶可以訂閱廣播網站所提供的網路廣播內容。因為Podcast的檔案採用MP3格式，除了在網路收聽外，也能把節目的MP3檔下載，再傳輸到媒體播放器（如iPod、MP3播放器、手機或電腦）播放。

4-4-2 BBS

　　BBS（Bulletin Board System）簡稱電子布告欄，早在WWW全球網際網路還不發達的年代，BBS就已經十分風行了，國內許多大專院校幾乎都會架設BBS站台，至今BBS仍是各大專院校學生上網討論的主要園地。BBS也提供電子信箱以及talk的功能，很多學校學生也會自己申請開闢一個討論主題，通常稱為「版主」，主持討論的園地，所以頗受時下年輕學子喜愛。雖然登入BBS站有一些實用熱門的軟體，例如：KKman就頗受歡迎，不過Windows 本身就提供了Telnet上站功能。

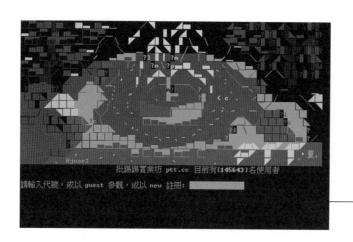

批踢踢實業坊 ptt.cc 目前有[145643]名使用者
請輸入代號,或以 guest 參觀,或以 new 註冊:

輸入「guest」按
Enter,以客人身
份進入瀏覽或以
new註冊

4-4-3 維基百科

　　Wiki是著作權的宣告打破傳統的慣例,只要符合維基網站的需要與規範,任何人都可以在維基上撰寫新的詞條,或編輯、修改已經存在的詞條。維基系統的中心思維,是希望以共同創作的方法,提供眾人建立與更新網站知識庫文件。它提供了一種「共同創作」(collaborative)環境的網站,因此非常適用於團隊來建立及共享其特定領域的知識。維基百科(Wikipedia)就是使用WiKi系統的一個非常有名的例子。所謂的維基百科(Wikipedia, WP),是一種全世界性的內容開放的百科全書協作計劃,這個計畫的主要目標是希望世界各地的人,以他們所選擇的言語,完成一部自由的百科全書(Encyclopedia)。

CHAPTER

4

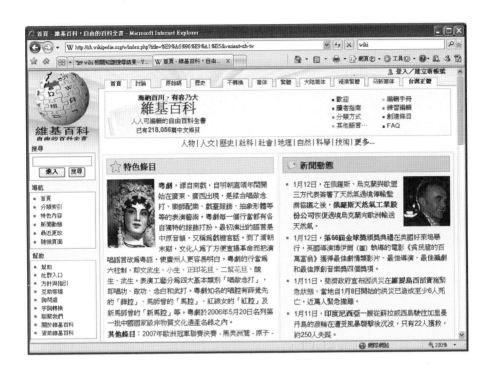

4-4-4 FTP

FTP（File Transfer Protocol）是一種檔案傳輸協定，透過此協定，不同電腦系統，也能在網際網路上相互傳輸檔案。檔案傳輸分為兩種模式：下載（Download）和上傳（Upload）。下載是從PC透過網際網路擷取伺服器中的檔案，將其儲存在PC電腦上。而上傳則相反，是PC使用者透過網際網路將自己電腦上的檔案傳送儲存到伺服器電腦上。FTP檔案傳輸使用時最簡單的方法就是透過網際網路Internet Explorer（IE）連上FTP網站，進而尋找需要的檔案。

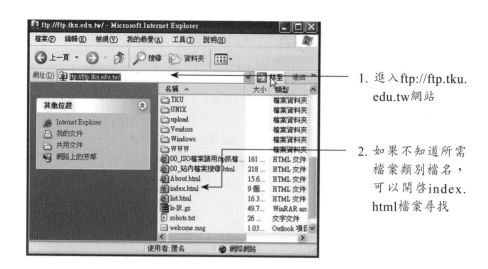

1. 進入 ftp://ftp.tku.edu.tw網站

2. 如果不知道所需檔案類別檔名，可以開啟index.html檔案尋找

4-4-5 Blog網誌

　　網誌（Web log，縮寫Blog），或稱網路日誌、博客、部落格，是一種新興的網路應用技術，主要為個人專屬的創作站台。傳統的部落格的主要媒體為文字，但發展至今，在部落格上可以張貼文章、圖片、影片、其他部落格或網站的超連結。和傳統電子布告欄（BBS）相比，部落格比BBS功能來得更多，還可以依自己喜好更改網站外觀、設定文章分類，而且還有搜尋的功能。

　　如果各位也想經營自己的Blog，目前有兩種形式，一種是自行建置Blog站台，另外一種則是利用網路業者提供的Blog平台，各位只需註冊就可以使用。各位可以選擇使用現行的Blog軟體來架置專屬的站台，目前國內較為廣泛使用的Blog軟體有Movable Type（MT）、WordPress與pLog等。對於沒有任何程式技術背景，又想使用Blog的人來說，直接使用網路業者所提供的Blog服務最方便了，目前國內有不少提供免費Blog的服務，列表如下：

Blog名稱	網址
新浪部落	http://blog.sina.com.tw/
台灣部落格	http://www.twblog.net/
yam Blog樂多日誌	http://blog.yam.com/
Xuite日誌	http://blog.xuite. net
天空部落	http://blog.webs-tv.net/

4-4-6 網路電話

網路電話（IP Phone）是利用VoIP（Voice over Internet Protocol）技術將類比的語音訊號經過壓縮與數位化（Digitized）後，以數據封包（Data Packet）的型態在IP數據網路（IP-based data network）傳遞的語音通話方式。例如過去十分流行的Skype是一套使用語音通話的軟體，它以網際網路為基礎，讓線路二端的使用者都可以藉由軟體來進行語音通

話，透過Skype可以讓你與全球各地的好友或客戶進行聯絡，甚至進行視訊會議與通話。Skype軟體已發展到6.2版，它的通話品質比以前更好，不會出現語音延遲的現象，要變更語音設備也相當的簡單，無須再重新設定硬體設備，而且在iPhone、Android以及WindowsPhone8上都可以使用Skype。

http://skype.pchome.com.tw/download.html

4-5 網際網路連線方式

　　如何從各位眼前的電腦連上Internet有許多方式，早期是利用現有的電話線路，在撥接至伺服器之後，就可以與網路連線。由於是透過電話線的語音頻道，在資料的傳送速率上目前只能到56Kbps，而且不能同時進行資料傳送與電話語音服務。本節中我們將會介紹各種連線方式，各位可以考慮本身的主客觀條件來選擇最合適的連線方式。

4-5-1 ADSL連線上網

ADSL上網是寬頻上網的一種，它是利用一般的電話線（雙絞線）為傳輸媒介，這個技術能使同一線路上的「聲音」與「資料」分離，下載時的連線速度最快可以達到9Mbps，而上網最快可以達到1Mbps；也因為上傳和下載的速度不同，所以稱為「非對稱性」（Asymmetric）。

如果各位使用ADSL方式連線，則可以同時上網及撥打電話，不必要另外再申請一條電話線。另外有關申請ADSL帳號的過程和撥接帳號類似，不過申請ADSL撥接服務時，相關線路連接及設定的工作都會由工程人員來進行安裝：

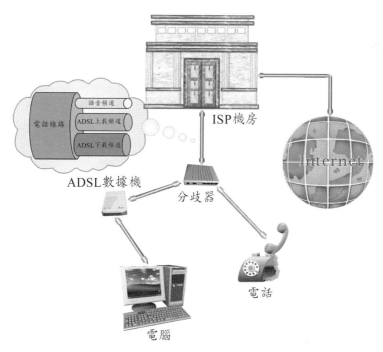

ADSL數據機傳輸路線示意圖

4-5-2 有線電視上網

　　纜線數據機（Cable Modem）是利用家中的有線電視網的同軸電纜線來作為和Internet連線的傳輸媒介。由於同軸電纜中包含有數據的數位資料，以及電視訊號的類比資料，因此能夠在進行數據傳輸的同時，還可以收看一般的有線電視節目。各位家中如果接有有線電視系統，可以直接向業者申請帳號即可，由於纜線數據機的連線架構是採用「共享」架構，當使用者增加時，網路頻寬會被分割掉，而造成傳輸速率受到影響。

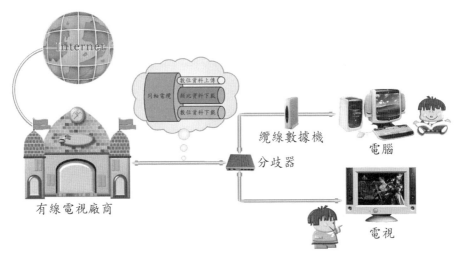

纜線數據機傳輸路線示意圖

4-5-3 光纖寬頻上網

　　對於頻寬的需求帶動了光纖區域網路的發展，如前所述，由於價格高昂及需求的問題，所以早期光纖發展僅限於長途通訊幹線上的運用，不過近幾年在通訊量的快速增加及網際網路的爆炸性成長下，光纖網路的應用已從過去的長途運輸（Long Haul Transport）的骨幹網路擴展到大城市運輸（Metro Transport）的區域幹線。

　　隨著通訊技術的進步，上網的民眾對於頻寬的要求愈來愈高，與ADSL相較，光纖（optical fiber）上網可提供更高速的頻寬，最高速度可達1Gbps，隨著光纖成本日益降低，更提供了穩定的連線品質，光纖的主要用戶群已經首度超越ADSL的主要用戶群，ADSL頻寬會隨裝機地離機房愈遠，速率愈低，光纖網路頻寬則無此距離限制問題，預估兩者消長情形會愈來愈明顯，光纖將逐漸成為國內寬頻上網的首選。

　　FTTx是「Fiber To The x」的縮寫，意謂光纖到x，是指各種光纖網路的總稱，其中x代表光纖線路的目的地，也就是目前光世代網路各種「最後一哩（last mile）」的解決方案，透過接一個稱為ONU（Optical Network Unit）的設備，將光訊號轉為電訊號的設備。因應FTTx網路建置各種不同接入服務的需求，根據光纖到用戶延伸的距離不同，區分成數種服務模式，包括「光纖到交換箱」（Fiber To The Cabinet, FTTCab）、「光纖到路邊」（Fiber To The Curb, FTTC）、「光纖到樓」（Fiber To The Building, FTTB）、「光纖到家」（Fiber To The Home, FTTH），請看以下說明：

■FTTC（Fiber To The Curb，光纖到街角）：可能是幾條巷子有一個光纖點，而到用戶端則是直接以網路線連接光纖，並沒有到你家，也沒到你家的大樓，是只接到用戶家附近的介接口。再透過其它的通訊技術（如VDSL）來提供網路通訊。從中央機房到用戶端附近的交換箱或稱中繼站是使用光纖纜線，之後只能透過網路線或稱雙絞線連接到你家中。

■FTTB（Fiber To The Building，光纖到樓）：光纖只拉到建築大樓的電信室或機房裡。再從大樓的電信室，以電話線或網路線等等的其它通訊技術到用戶家。從中央機房直接拉光纖纜線到用戶端的那棟大樓電信室（FTTB）。

■FTTH（Fiber To The Home，光纖到家）：是直接把光纖接到用戶的家中，範圍從區域電信機房局端設備到用戶終端設備。光纖到家的大頻

寬，除了可以傳輸圖文、影像、音樂檔案外，可應用在頻寬需求大的 VoIP、寬頻上網、CATV、HDTV on Demand、Broadband TV等。不過缺點就是佈線相當昂貴。

■ FTTCab（Fiber To The Cabinet；光纖到交換箱）：這比FTTC又離用戶家更遠一點，只到類似社區的一個光纖交換點，再一樣以不同的網路通訊技術（同樣，如VDSL），提供網路服務。

4-5-4 專線上網

專線（Lease Line）是數據通訊中最簡單也最重要的一環，專線的優點是工作容易查修方便，其服務性能與備便度高達99.99%。用戶端與專線服務業者之間透過中華電信等ISP所提供之數據線路相連申請一條固定傳輸線路與網際網路連接，利用此數據專線，達到提供二十四小時全年無休的網路應用服務。1960年代貝爾實驗室便發展了T-Carrier r（Trunk Carrier）的類比系統，到了1983年AT&T發展數位系統，主要是使用雙絞線傳輸，T-Carrier系統的第一個成員是T1，可以同時傳送24個電話訊號通道，即第零階訊號（Digital. Signal Level 0, DS0）所組成，每路訊號為64 Kbps，總共可提供1.544Mbps 的頻寬，這是美制的規格。T2則擁有96個頻道，且每秒傳送可達6.312Mbps的數位化線路。T3則擁有672個頻道，且每秒傳送可達44.736Mbps的數位化線路。T4擁有4032個頻道，且每秒傳送可達274.176Mbps的數位化線路。

4-5-5 衛星直撥

所謂衛星直播（Direct PC）就是透過衛星來進行網際網路資料的傳輸服務。它採用了非對稱傳輸（ATM）方式，可依使用者的需求採用預約或即時，經由網路作業中心及衛星電路，以高達3Mbps的速度，下載資料至用戶端的個人電腦。衛星直撥的使用者必須加裝一個碟型天線（直徑約45～60公分），並在電腦上連接解碼器，如此就能夠透過衛星從網

際網路中接收下載資料。以下是用戶端在使用Direct PC時的標準配備如下：

碟型天線（Antenna）	金屬製天線盤，可安裝於室內或室外
接收器（LNB）	衛星訊號接收器，負責接收經由碟型天線匯集的衛星訊號，然後再傳送到用戶端
纜線及相關套件	同軸纜線及電力加強設備等
Direct PC介面卡	驅動程式及使用Direct PC 時，所需的應用程式

本章習題

1. 簡述網路的定義。
2. 試解釋主從式網路（client/server network）與對等式網路（peer-to-peer network）兩者間的差異。
3. 依照通訊網路的架設範圍與規模，可以區分爲三種網路型態？
4. 通訊網路依照通訊方向來分類，可以區分哪爲三種模式？
5. 請比較類比訊號與數位訊號間的不同點。
6. 目前通訊媒介可以區分成以下兩大類？
7. 簡述光纖的特性與傳遞原理。
8. 網域名稱的組成是屬於階層性的樹狀結構，共包含哪四部分？
9. 通常表示網址的方法有哪兩種？
10. 請說明Cable modem上網的技術原理。
11. 何謂網路電話（IP Phone）？

第五章

企業電子化與企業資源規劃

　　隨著資訊技術發展的蓬勃迅速，電腦與網路在辦公室內所能協助處理的範圍也日漸擴大，不同資訊系統藉由電腦的輔助，將企業內部的作業資訊與企業管理融合為一，這也揭開了「企業電子化」（electronic -Business）或稱企業e化的序幕。管理之父彼得杜拉克博士曾說：「做正確的事情，遠比把事情做正確來的重要」。因此，身為現代的管理者，首先需要具備系統規劃、思考及執行能力，能夠有效地收集資訊及有效地運用組織資源與相關資訊系統，最終達企業與組織的目標。

廣達電腦建立了完相當完整的企業電子化系統

在經營環境迅速改變過程中，由於企業電子化是企業實行電子商務的重要基礎，企業營運技術的改革有幾個明顯趨勢，企業e化的目標在於運用網路與數位化科技來加快企業組織流程的進行，重新建立自己的競爭策略，並讓企業成員有更多的時間投注在自身的專業核心工作上。

5-1 企業e化簡介

企業e化所包函範圍不只是單純的電子商務所提到的商品買賣和提供服務而已，並透過網路與客戶互動與交易外，還涵蓋了改造企業或其上、下游商業夥伴間的供應鏈運作與流程。根據Malecki（1999）對企業e化的定義為：運用企業內網路（Intranets）、企業外網路（Extranets）及網際網路（Internet），將重要企情報與知識系統與其供應商、經銷商、客戶、員工及合作夥伴緊密結合。簡單來說，企業e化最大意義在於藉著網路技術的運用，改變原有企業流程，讓企業的工作進行更有效率，最終目的就是希望為整個企業組織帶來最佳化的績效表現。

■ Intranet

「企業內部網路」（Intranet）則是指企業體內的Internet，將Internet的產品與觀念應用到企業組織，透過TCP/IP協定來串連企業內外部的網路，以Web瀏覽器作為統一的使用者界面，更以Web伺服器來提供統一服務窗口。服務對象原則上是企業內部員工，而以聯繫企業內部工作群體為主，並使企業體內部各層級的距離感消失，達到良好溝通的目的。在不影響企業文件的機密性與安全性考量下，充分利用網際網路達成資源共享的目的。

■ Extranet

「商際網路」（Extranet）則是為企業上、下游各相關策略聯盟企業間整合所構成的網路，需要使用防火牆管理，通常Extranet是屬於Intranet的子網路，可將使用者延伸到公司外部，以便客戶、供應商、經銷商以及其它公司，可以存取企業網路的資源。目前多應用於「電子型錄」與「電子資料交換」（Electric Data Interchange, EDI），企業如果能善用Extranet，不需花費太多費用，就能降低管理成本，大幅提升企業競爭力。

5-1-1 企業e化的範圍

企業e化除了可以提升企業整體效能與市場競爭力之外，也提供了一個新的方法，能夠有效地改善企業內部、企業之間以及整個電子商務運作的業務流程。現代企業e化的重要範圍主要是以企業流程再造工程（Business Process Reengineering, BPR）為主，為產業上、中、下游建構垂直整合的架構，使企業降低了成本，並提高生產速率，進而增加企業整體競爭與穫利能力

例如台塑關係企業源於創辦人王永慶先生對於企業e化管理的遠見，自民國67年開始將管理制度導入電腦作業，迄今擁有將近四十年的企業e化推動與實行的經驗，在國內製造業中堪稱推動企業電腦化管理的先驅。台塑集團又於2000年4月成立台塑電子商務網站簡稱為「台塑網」，由台塑集團旗下的台塑、南亞、塑化、台化、總管理處等共同投資成立，加上擁有台灣七千多家的材料供應商及約三千家的工程協力廠商，就是e化效果的最佳典範。

台塑網是台塑集團e化效果的最佳典範

5-1-2 政府e化

　　世界各國政府認知電子化政府（e-Government）對於企業、社會和民眾的重要性，莫不大力推動改善網路基礎建設，以民眾爲核心提供客戶導向的各類線上服務服務，我國政府e化努力方向已追隨國際資訊發展的脈動，目的在做好精簡政府組織與層級的工作、提高政府組織的反應能力，讓政府的資訊及服務在「數位化」及「網路化」之後，各項業務採用共同的資料庫，以及經由電腦間的連線，讓民眾能夠在單一窗口中辦裡各項的業務，並提供以使用者爲中心的網路服務平台，鼓勵民眾主動資訊分享與開放討論，達成電子化政府參與式的建構。

戶政事務所電腦內存放大量戶籍資料

　　目前無論是在政府服務通路的多元化、政府資訊的公開化均有相當具體的成果。電子化政府中各項業務採用相同的資料庫，以及經由電腦間的連線，讓民眾能夠在單一窗口中辦裡各項的業務，例如線上身分認證、網路報稅、採購電子化、電子化公文、電子資料庫、電子郵遞與政府數位出版。

5-2 企業流程再造

　　企業在網路世界中，已經不像過去有本土企業及國際企業的區隔，必須開始面臨全球所有企業的強力競爭。在企業電子化系統建構的過程中，每一階段電子化能力的提升，代表著企業營運的效能也提升。流程是電子化的核心，流程改造可以鞏固核心基礎。

　　電子商務改變傳統的商務流程，給企業流程再造提供運用的舞台，為了達成企業電子化的目的，企業經常必須輔以「企業流程再造」（Business Process Reengineering, BPR）工程，讓企業的流程應用和組織結構廣泛的整合，能夠有效地改善企業內部、企業之間以及整個電子商務運作的業務流程，使得在電子商務時代創造一個高績效的企業經營模式。事實上，企業流程再造往往是企業電子化過程中的最終目標之一，並將有效地改善電子商務環境下的業務流程，。

5-2-1 BPR實施階段

　　企業流程也可說是組織協調、資訊交流和知識的運作方法，例如完成一張客戶的訂單就會牽涉到跨部門的複雜步驟，需要業務、行銷、財務與製造功能緊密的協調。BPR是目前「資訊管理」科學中相當流行的課題，所闡釋的精神是如何運用最新的資訊工具，包括企業決策模式工具、經濟分析工具、通訊網路工具、電腦輔助軟體工程、活動模擬工具等，來達成企業崇高的嶄新目標。這個目標不僅是單單改善企業中的任何作業流程，而是希望帶領企業走出一條全新的大道與願景。

　　企業未來發展重點為組織企業再造亦即應強調運籌與供應鏈管理的必要性以及讓資訊科技在企業競爭中發揮完整功能，透過資訊系統達到供應鏈及上下游廠商的整合，以提升產業競爭優勢。「企業流程再造」對於企業組織的影響層次，可包含以下三個階段，分述如下：

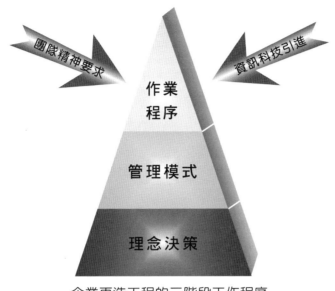

CHAPTER

5

企業再造工程的三階段工作程序

■ 作業程序階段

　　要先調查現有的流程，找出瓶頸與盲點才知道該怎麼改，詳細的評估與規劃，嘗試利用資訊科技將企業內部的結構性與非結構性業務通盤改變，最後並以績效及產能爲最終目標。包括以下五種工作範圍：

1. 績效不佳，且位於「工作臨界點」（critical point）的程序
2. 顧客服務導向的關鍵程序
3. 附加價值高的程序
4. 高衝擊性的核心程序
5. 跨部門的工作程序

■ 管理模式階段

對於「作業程序階段」的改善成果，「企業再造工程」執行團隊還必須配合同步在員工薪資福利、管理模式與技巧、組織架構與制度等方面隨之變動，另外在進行時，仍需考慮組織架構及技術層面的影響，並時時評核新的程序和技術爲組織所帶來人事、結構及工作內涵的變化，否則上一階段所做的努力，可能會前功盡棄。

■ 理念決策階段

當成功的完成前兩個階段的目標與任務之後，這時「企業再造工程」執行團隊的理念及目標都因爲資訊科技與團隊管理精神而做了徹頭徹尾的改變，也只有本階段的眞正達成，才能爲「企業再造工程」畫下一個完美句點，並將全新的理念與標準化作業普及到企業每個角落。

例如宏碁電腦與宏碁科技的合併案就是企業再造工程的成功案例，並轉型以服務爲主的發展方向。施振榮先生指出，新宏碁公司的目標，是希望以資訊電子的產品行銷、服務、投資管理爲核心業務，成爲新的世界級服務公司。

http://www.acer.com.tw/

5-3 企業e化與資訊系統的應用

伴隨著資訊技術發展的蓬勃迅速，電腦與網路在辦公室內所能協助處理的範圍也日漸擴大，「企業e化」的定義可以描述如下：「適當運用資訊工具；包括企業決策模式工具、經濟分析工具、通訊網路工具、活動模擬工具、電腦輔助軟體工具等，來協助企業改善營運體質與達成總體目標。」簡單來說，「企業e化」的最終目的就是希望利用各種資訊系統與網路將整個產業鏈的上、中、下游廠商作最迅速予密切的結合，並為參與成員帶來最佳化的績效表現。

5-3-1 資訊系統特性

現代化的資訊系統隨著資訊科技的日新月異與企業組織的調整，具備了以下四種特性：

■ 人機配合

由於資訊系統是一個人機系統，因此必須所參與的人員及電腦都能配合良好，才能運作順利。許多資訊系統過份重視電腦硬體，而忽略了人員訓練與溝通，導致人工作業流程失敗與人員反彈，因而影響整體資訊系統的績效。

■ 經濟價值

早期的電腦價格相當昂貴，企業中的成員幾乎多人共用一台電腦，但目前拜微處理器的淨能力（Sheer Power）發展與個人電腦的快速普及，使得電腦所能處理的工作大為增加，同樣也使得資訊系統的經濟價值連帶影響企業獲利的大幅提高。

■ 通訊網路

　　「網路」（Network），最簡單的定義就是利用一組通訊設備，透過各種不同的媒介體，將多台以上的電腦連結起來，讓彼此可以達到「資源共享」與「傳遞訊息」的功用。例如7-11超商每天可以透過通訊網路將分布全國各地兩千多家分店的零售業進銷貨管理系統（Point Of Sale, POS）的最新銷貨資訊傳送到台北總公司。

圖片來源：http://www.7-11.com.tw/

■ 即時迅速

　　電腦化的資訊系統可以大大提高資料處理的速度，包括更新檔案、計算、分類、查詢、編製報表等都比人工作業處理快速。例如最快速的線上即時訂位系統，當交意易一發生時，幾乎在數秒或更少時間內立刻回應。

5-3-2 資訊系統規劃

　　在考量資訊系統規劃的方向時，可以從許多不同角度來思考，例如企業的目標與策略、內外部的資源與環境因素、開發研程規劃、預算個別計畫、資訊發展目標策略、組織資訊需求與資訊系統架構等。在此我們將介紹由美國人波曼（Brow man）等教授提出了所謂三階段資訊系統規劃模型，如下所述：

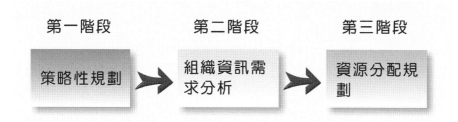

■ 策略性規劃

對於資訊系統規劃最困難之處就是如何從組織的整體策略中導引出正確的規劃。換句話說,本階段的目的在於訂定資訊系統的目標與策略,它必須與組織總體性目標、細部目標及策略並行不悖。也就是產生符合組織整體策略的目標與方法。在這個階段所要執行的內容有:

1. 定義出資訊系統的目標及收集各種資料
2. 按照既定目標排定任務流程
3. 通盤考量所有可能影響因素

■ 組織資訊需求分析

這個階段的主要成果是將資訊系統的所有流程及需求安排妥當。主要的執行內容包括:

1. 了解組統對資訊系統的整體需求
2. 訂定資訊系統的開發流程

CHAPTER

5

另外本階段可以使用兩項重要的輔助工具，說明如下：

1.企業系統規劃（Business System Planning, BSP）

BSP是一種由IBM公司所提倡的一套系統化的分析方法，強調的是由上而下設計，也就是從高層主管開始，瞭解並界定其資訊需求，再依組織層次往下推衍，直到了解全公司的資訊需求，完成整體的系統結構為止。強調的是企業程序導向，主要是代表企業的主要活動及決策領域。並不是針對某特定部門的資訊需求。

2.關鍵成功因素（Critical Success Factors, CSF）

CSF的方法核心就是從管理的角度來找出資訊的需求。它起源於丹尼爾（R. Daniel, 1961）所提出的「成功因素」理論，也就是說CSF是找出管理階層所認為能讓企業成功的關鍵因素組合。不同於BSP之處在於它所觀注的重點是企業經營成功的關鍵因素而非企業活動。CSF的假設是任何一個組織，要能經營成功，必定要掌握一些重要的因素，如果不能掌握這些特定因素，則必定失敗。

■ 資源分配

這個階段的主要目的就是擬定資源分配計畫及排程。一般企業的資源有限，不可能一次完成所有的資訊系統，所以我們可以模組化（module），將其分成許多子系統，再決定哪一個子系統應該事先規劃。

5-3-3 資訊系統開發

由於資訊系統的需求經常會隨著主客觀環境的改變，如何快速因應系統的變化需求，與資訊系統的開發模式有著莫大的關連。在此我們將針對兩種常用的資訊系統開發模式，包含系統開發的模式、特色、應用程序及適用情況為各位介紹。

CHAPTER

5

■ 生命週期模式

在1970年代以後軟體工業開始引用流行於硬體工業界的「生命週期模式」（System Development Life Cycle, SDLC）做為軟體工程的開發模式，並很快的成為資訊系統發展模式的主流。SDLC模式就是先行假設所開發的資訊系統就像一般生物系統有其生命週期，而且每個資訊系統可以區分成由生產起始階段到系統淘汰且終止的幾個階段，並且在此生命週期的每一階段，如果發現錯誤或問題，應該回到影響所及的前面階段加以修正，才能夠繼續進行後續的問題，這種方法也稱為瀑布模式，如下圖所示：

SDLC模式示意圖

SDLC的優點是對每一個階段的分工及責任歸屬，區分的相當清楚，缺點就是如果在每一個階段的需求分析不盡完善，往往讓以前的開發工作困難重重，另外因為是以循序性方式進行階段轉移，往往導致系統在沒開發完成前，看不到任何成果。

■ 軟體雛型模型

「軟體雛型模型」（Software prototyping）就是建立一個資訊系統的初步模型，它需要是可操作，並且具有完成系統的部分關鍵功能，另外再配合高階開發工具與技術，如非程序語言、資料庫管理系統、使用者自建

系統、資料字典、交談式系統等。

雛形模式基本概念

　　雛型法最重要的目的是希望可以快速、經濟有效的被開發出來。所以「軟體雛型法」的提出，就是要在短時間內使用者去修正意見，再經過快速的回饋（feedback）過程，反覆進行。直到最後資訊系統為使用者接受為止。下圖是雛型法的開發流程。可分為五階段論，如下圖所示：

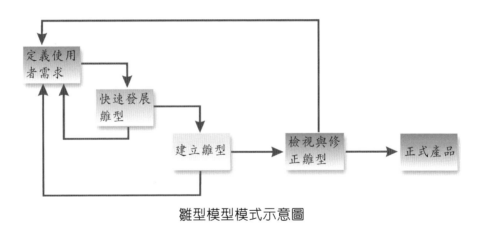

雛型模型模式示意圖

　　雛型法的優點是可以幫助使用者在很短時間內可以操作的系統，不過正因為雛型系統經常是使用高階輔助工具設計出來的，無可避免的缺乏結構化考量而無法通過品質保證檢驗。

■ 螺旋狀模式

　　B. Boehm綜合了傳統的生命週期、雛型法與風險分析的優點，提出了螺旋狀模式開發方式。就是將資訊系統中所包含的多個子系統，採用由內至外的螺旋狀圓圈，來表示系統的演進採用遞增式開發過程，通常適用於需求改變較不頻繁的系統專案與專案管理者的風險導向開發模式。並透過三個步驟形成一個週期：

1. 找出系統目標及可行方案
2. 依目標進行評估
3. 依評估後風險決定下個步驟

　　此種遞增式的過程就是以「系統演進」的觀點代替了「系統修改」的觀念，每一圓圈代表產品的某一層次的演進，隨著螺旋的每一次循環，更完整的系統版本因此建立。一般說來，螺旋狀模式的工程象限內包含了四項主要活動，分別是目標規劃、風險分析、開發產品與顧客評估。當風險分析指出有風險較高產品時，在工程象限內就可利用多次雛型法開發過程。等到系統在前一步驟確定後，再進行SDLC法開發過程。

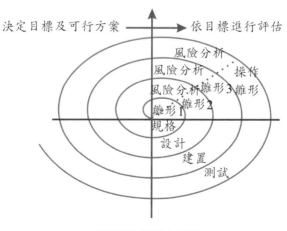

螺旋模式基本概念

5-3-4 電子資料處理系統

　　「企業e化」的第一步，就是建立內部的「電子資料處理系統」（Electronic Data Processing System, EDPS）。所謂的「電子資料處理系統」（EDPS），主要用來支援企業或組織內部的基層管理與作業部門，例如員工薪資處理、帳單製發、應付應收帳款、人事管理等，並且讓原本屬於人工處理的作業邁向自動化或電腦化，進而提高作業效率與降低作業成本。至於EDPS的特色包括以下五點：

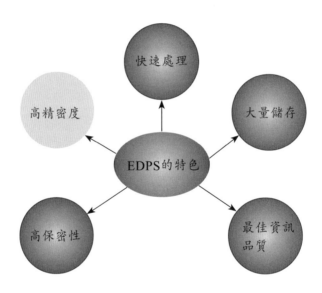

1. 快速處理：處理速度極快，通常是以微秒或毫秒計。
2. 大量儲存：能夠儲存大量資料，永久保存。
3. 高精密度：自動驗證並改正錯誤，準確度幾達百分之百。
4. 高保密性：具有經常檢查診斷與預先警告的功能，資料還可進行加密動作，故在系統使用期間，非常隱密可靠。
5. 最佳資訊品質：能夠綜合多項有關資訊，分析比較後作出最佳建議，提供使用者抉擇。

特別是近年來由於「電子文件資料交換標準」（Electronic Data Interchange, EDI）的流行，大幅減少了「企業與企業間」或「辦公室與辦公室間」的資料格式轉換問題，不但可將文件傳達與資訊交換全權透過電腦處理，更能加速整合客戶與供應商或辦公室各單位間的生產力。

　　例如「辦公室自動化」就是指對辦公室內向來在資料上很難處理或結構不明確的辦公室業務，充分結合了EDPS與EDI的特點，將電腦科技、行為理論與通訊技術應用在傳統資料處理無法妥善處理的辦公室作業程序。

5-3-5 管理資訊系統

　　所謂「管理資訊系統」（Management Information System, MIS），可能各位很容易與「資訊管理」在概念上模糊不清。就兩者的本質而言，「資訊管理」著重在「管理」，而MIS著重在「系統」。MIS是一種「觀念導向」（Concept-Driven）的整合性系統，不像EDPS所著重的是作業效率的增加，MIS的功用則是加強改進組織的決策品質與管理方法的運用效果。美國管理學專家 Gordon B. Davis曾經將MIS定義為：「一種人機整合系統，並提供資訊來支援組織性例行作業、管理與決策活動；此系統範圍涵蓋電腦硬體、人工作業程序、決策模式與資料庫。」

MIS的決策模式

最佳決策模式

模擬分析模式

通用分析模式

對於MIS的組成要素中，有關「電腦硬體」、「人工作業程序」與「資料庫」等，都是屬於「人機介面」（User Interface）的考慮因素，而決策模式才是MIS真正的運作方式。至於MIS所提供的決策模式有三種，如下圖所示：

1. 最佳決策模式：問題中的各種變數關係都已確定，此時利用MIS處理資料時，可得最大功效與最佳決策模式。
2. 模擬分析模式：問題中變數僅有部分可知，這時可依照決策者的需求，做一適當的模擬分析。
3. 通用分析模式：問題中的變數完全不可知，此時僅能運用統計或數學分析來預測未來的可能趨勢，來得到一種通用模式。

通常MIS必須架構在一般EDPS（如生產、行銷、財務、人事系統等）之上，並將處理所得結果，經由垂直與水平的整合程序，提供給管理者作為營運上的判斷依據。下圖則是企業內資訊系統的作業層次圖：

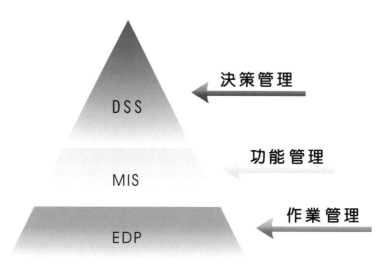

企業內資訊系統的作業層次

5-3-6 專家系統

　　「專家系統」（Expert System, ES）是一種將專家（如醫生、會計師、工程師、證券分析師）的經驗與知識建構於電腦上，以類似專家解決問題的方式透過電腦推論某一特定問題的建議或**解答**。例如環境評估系統、醫學診斷系統、地震預測系統等都是大家耳熟能詳的專業系統。

　　至於專家系統的組成架構，有下列五種元件：

■ 知識庫（Knowledge Base）

　　用來儲存專家解決問題的專業知識（Know-how），一般建立「知識庫」的模式有以下三種：

1. 規則導向基礎（Rule-Based）
2. 範例導向基礎（Example-Based）
3. 數學導向基礎（Math-Based）

■ 推理引擎（Inference Engine）

　　是用來控制與產生推理知識過程的工具，常見的推理引擎模式有「前向推理」（Forward reasoning）及「後向推理」（Backward reasoning）兩種。

■ 使用者交談介面（User Interface）

　　因為專家系統所要提供的目的就是一個擬人化的功用。同樣的，也希望給予使用者友善的資訊功能介面。

■ 知識獲取介面（Knowledge Acquisition Interface）

ES的知識庫與人類的專業知識相比，仍然是不完整的，因此必須是一種開放性系統，並透過「知識獲取介面」不斷充實，改善知識庫內容。

■ 工作暫存區（Working Area）

一個問題的解決往往需要不斷地推理過程，因為可能的解答也許有許多組，所以必須反覆地推理。而「工作暫存區」的功用就是把許多較早得出的結果放在這裡。

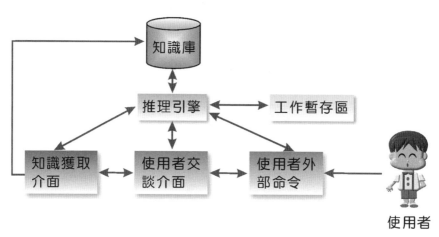

專家系統的結構及執行示意圖

5-3-7 策略資訊系統

「策略」（Strategy）可以視為是企業、市場與產業界三方面的交集點。台灣首富郭台銘就曾經清楚定義：「策略是方向、時機與程度，而且順序還不能弄錯，先有方向、再等時機，最後決定投入程度。」

而所謂「策略資訊系統」（Strategic Information System, SIS）的功能就是支援企業目標管理及競爭策略的資訊系統，或者可以看成是結合產

品、市場，甚至於結合部分風險與獨特有效功能的市場競爭利器。規劃良好的SIS，必須依循以下三步驟來建立：

■ 擬訂總體策略

企業首先必須從多元化層面來考量，決定將要實行資訊化的總體策略目標。目標的正確與清楚是未來實行SIS成功與否的重要關鍵。

■ 目標尋找策略

建立了SIS的明確目標之後，可以從以下三種策略模式挑選一種來執行：

(1) 差異化策略導向

加大企業本身與競爭者的差異化程度，對週遭環境保持敏感，特別是對於市場上的新產品、新機會、新威脅，都保持高度關注。例如美國的UPS快遞公司內部的SIS可以允許客戶全球化的追蹤、查詢目前在外執行運送車輛與信件的最新情況，不但可以全盤掌握突發的緊急狀況，避免任何延誤（delay）事件。這種透過SIS產生和其他快遞公司與眾不同的差異化服務，絕對是增加營運績效的關鍵因素。

(2) 成本策略導向

這種策略的好處是一舉兩得，達到雙贏的效果。例如有些知名的保全公司建立了追蹤地區性犯罪率及地區人口素質追蹤的SIS，不但可以減少保全失當的理賠，所節省下來的成本，還可以回饋保戶，並使得同業對手的競爭力大為降低。

CHAPTER

5

(3) 創新策略導向

　　這種策略的目的是改變企業經營的傳統方式，並且採取嶄新多元的策略切入市場，期待以成功的SIS達到「企業再造」（Business Reengineering）的理想。例如目前銀行間的競爭相當激列，各種行銷策略花招百出，例如在24小時的7-11放置的自動櫃員機（ATM），就是一種增加客戶服務時間與據點的創新策略導向的SIS。

7-11號稱全國最大的便利銀行

▌應用資訊技術

　　選擇包括「資訊處理」（Information Processing）、「資訊儲存」（Information Storage）與「資訊移轉」（Information Transition）等相關資訊應用技術。

5-3-8 決策支援系統

　　MIS偏向企業整體資訊的管理，但運用的結果是管理者不一定知道真正所需的資訊，而資訊專業人員也不一定懂管理。Gorry與Morton兩位麻省理工學院教授於1971年將MIS觀念與決策支援系統（DDecision Support System, DSS）觀念結合，以便針對問題加以解決。

　　「決策支援系統」（Decision Support System, DSS）的主要特色是利用「電腦化交談系統」（Interactive Computer-based system）協助企業決策者使用「資料與模式」（Data and Models）來解決企業內的「非結構化問題」。通常企業內部所面臨的問題，可以區分為「結構化問題」（Structured Program）與「非結構化問題」（Unstructured problem）兩種。由於DSS以處理「非結構化問題」居多，因此必須結合第四代應用軟體工具、資料庫系統、技術模擬系統、企業管理知識於一體，而形成一套以「經營管理資料庫」（Business Management Database）與「知識資料庫」（Knowledge Database）為基礎的「管理資訊系統」。

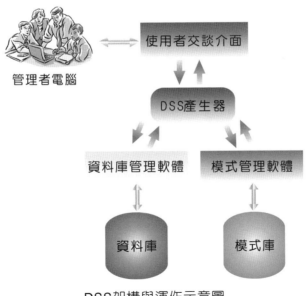

DSS架構與運作示意圖

　　對於DSS的特性而言，是在於支援決策，而並不能取代決策，另外希望是達到「效能」的提升，而不是只要「效率」。也有許多學者將DSS、MIS與EDPS比擬爲一個三角形關係，EDPS視爲資訊科技應用的第一個階段，MIS則是EDPS的延伸系統，而DSS則是建立在MIS所提供的資訊，並未決策者提供「沙盤推演」（What-if）。

5-3-9 主管資訊系統

　　「主管資訊系統」（Executive Information System, EIS）可視爲一種對象更高階、操作更簡單的DSS。EIS主要功用是使決策者擁有超強且「友善介面」的工具，以使他們對銷售、利潤、客戶、財務、生產力、顧客滿意度股、匯市變動、景氣狀況、市調狀況等領域的資訊，加以檢視和分析各項關鍵因素與績效趨勢，及提供多維分析（multi-Dimension）、整合性資料來輔助高階主管進行決策，而這些資訊往往是公司營運的關鍵成功因素（Critical Success Factor, CSF），也是組織制定策略與願景的重要依據。

Tips

　　CSF的方法核心就是從管理的角度來找出資訊的需求。它起源於丹尼爾（R. Daniel, 1961）所提出的「成功因素」理論，也就是說CSF是找出管理階層所認爲能讓企業成功的關鍵因素組合。

　　簡單的說，EIS就是一種組織狀況回報系統，主要功用就在發現問題，並監督問題解決情形。也就是利用「例外管理」及「目標管理」的原則來輔助經營者得到即時、容易存取的資訊，讓高層主管有更充裕的資訊、時間來掌握各種資訊。

5-3-10資料庫管理系統

電腦化作業的增加，同時帶動了數位化資料的大量成長

　　如果說網路改變了人類溝通的方式，或許也可以說資料庫改變了人類管理資料的方式，資料庫系統普及的程度，遠超乎許多人的想像。隨著資訊科技的逐漸普及與全球國際化的影響，企業所擁有的資料量成倍數成長。無論是龐大的商業應用軟體，或小至個人的文書處理軟體，每項作業的核心仍與資料庫有莫大的關係。有鑑於此，不同功能的應用程式與資料庫的整合應用，遂成為現代企業組織提升競爭力的一個關鍵因素。

　　「資料庫」（Database）是什麼？簡單來說，就是存放資料的所在。更嚴謹的定義，「資料庫」是以一貫作業方式，將一群相關「資料集」（Data Set）或「資料表」（Data Table）所組成的集合體，儘量以不重覆的方式儲存在一起，並利用「資料庫管理系統」（DataBase Management System, DBMS）以中央控管方式，提供企業或機關所需的資料。

　　資料庫管理系統（Database management System, DBMS）是一套用來管理資料庫的應用軟體。使用者可以藉由此一資料庫管理系統而新增、

刪除、更新與選擇等功能，更動與查詢資料庫裡的資料。使用者可以透過人性化操作介面進行新增、修改的基本操作，系統也要能提供各項查詢功能，針對資料進行安全控管機制，例如目前相當普及的Access 2021、MySQL都是一種DBMS。請看下圖說明：

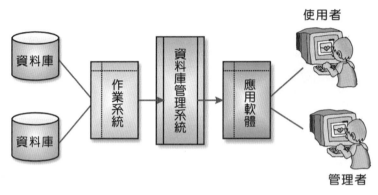

資料庫系統運作示意圖

　　通常DBMS經過特別的規劃以配合公司的真正需求，而且也設計成適合在大型電腦系統上或主從式網路系統上作業，不只可儲存資料，也提供一個機制與功能，只要使用者指定一些語法，就可以篩選從數千或甚至數百萬件資料輕易擷取你需要的那些資料。

5-4 企業資源規劃

　　隨著市場化程度的深化與競爭的日趨激烈，在競爭日益激烈的今天，任何企業都必須十分關注自己的成本，生產效率和管理效能，適時導入企業資源管理系統（ERP），可以讓企業更合理地配置企業資源與增強企業的競爭力。「企業資源規劃」系統（Enterprise Resource Planning, ERP）就是一種企業資訊系統，能提供整個企業的營運資料，可以將企業行為用資訊化的方法來規劃管理，並提供企業流程所需的各項功能，配合

企業營運目標,將企業各項資源整合,以提供即時而正確的資訊,並將合適的資源分配到所需部門手上。

甲骨文(Oracle)是世界知名的ERP大廠

　　ERP已成為現代企業電子化系統的核心,藉由資訊科技的協助,將企業的營運策略與經營模式導入整個以資訊系統為主幹的企業體中。ERP系統比起傳統資訊系統最大特色便是達成整個企業資訊系統的整合,以今日全球產業競爭的速度及激烈程度,一般MIS系統早已無法滿足企業實際的需要,許多先知卓見的企業早已經導入ERP基礎系統,中大型企業在財力及人力等資源較充分的情況下,對ERP系統的導入準備能作完善的調查及規劃。

5-4-1 ERP的定義

　　「企業資源規劃」（ERP）系統最早是由美國著名管理諮詢公司加特納公司（Gartner Group Inc.）於1990年提出，架構與企業預算架構類似，可以整體考量規劃財務、會計、生產、物料管理、銷售與配銷、人力資源、零件採購、庫存維護等連結整合在一起的系統，是一個跨部門、地區的整合工作流程，能全方位擬定因應策略以提升企業競爭力，並且即時掌控與支援公司的各項關鍵決策。

　　在21世紀的知識經濟社會環境下，以一個簡單定義來看ERP，它是一種「企業再造」的解決方案，藉由資訊科技的協助，將企業的營運策略與經營模式導入以資訊系統為主幹的企業體，可重新審視本身的作業流程，並重新思考對資訊系統的需求，並且藉由ERP整合的特性，來改善公司的存貨週轉率、應收帳款、營業額等與提升整體作業效率。

5-4-2 ERP的演進過程

　　ERP其實並非是一種全新發展的系統，而是由「物料需求計畫」（MRP）與「製造資源規畫」（MRPII）所逐漸演變而成的系統，涵蓋了採購、生產與行銷作業所需的資源，可以分為下列幾個階段。請看以下ERP的演進過程簡介：

■ 物料需求計畫（Material Requirement Planning, MRP）

　　本階段約在1970年代間，當時人工成本低廉，企業的生產管理首重繁瑣的物料規劃及管理，由於消費者的要求不高，因此生產模式為多量少樣，需求重點以大量生產來產生降低成本的目的。透過使用MRP生產物料需求管理系統，涵蓋銷售與生產相關計畫，一方面降低採購成本，並考慮現有之庫存狀況，滿足客戶對品質的要求，可以隨時計算與查詢未來採購與生產資料，並達到生產順利進行。

■ 製造資源規劃（Manufacturing resources Planning, MRP II）

本階段約在1980年代間，消費者導向的市場成為主流，企業產出的產品必須要轉化成利潤，在考慮企業實際產能的前提下，以最小的庫存保證生產計畫的完成，同時對生產成本加以管理。MRP II系統主要應用在所有與製造有關的資源上，由於產業競爭加劇，除了必須管控物料外，產能規劃也成為企業管理的重點項目，將物料需求規劃（MRP）的範圍擴大到所有的製造業資源，如物料、人力資源、機器設備、產能、與資金等，並規劃整合為一個系統。

■ 企業資源規劃（ERP）

1990年代中期以後，逐漸的開始跨出區域經營模式，邁向國際化及全球布局，市場需求的重點轉變為如何滿足顧客多樣化需求，過去MRP與MRPII已不敷使用，因此架構在MRPII的發展基礎上，中大型企業紛紛開始採用強調即時反映與更高層次資源的企業資源規劃系統（ERP），最主要功用能夠整合企業內各個功能部門的作業，能夠即時反應整體企業資源的使用狀況，使得企業的管理人能夠做最佳的調配，進而擴大整體的營運績效。

■ 第二代企業資源規劃（ERP II）

當進入21世紀全球分工的年代，ERP必須重新思考從應用結構與多元化業務功能等諸多方面徹底改變，於是，新一代的管理系統ERP II（nterprise Resource Planning II）因應而生。ERP II是2000年由美國調查諮詢公司Gartner Group在原有ERP的基礎上擴展後提出的新概念，相較於傳統ERP專注於製造業應用，更能有效應用網路IT技術及成熟的資訊系統工具，還可整合於產業的需求鏈及供應鏈中，也就是向外延伸至企業電子化領域內的其他重要流程。

5-5 ERP系統導入方式

　　導入ERP系統不同於一般導入的資訊系統，不同行業導入ERP會有不同的挑戰和困難。由於每家資訊廠商的ERP系統皆有其本身系統架構，加上各個企業需求上的差異，因此當ERP系統導入企業的過程中，企業必須有達成導入ERP系統預期目標的共識，除了都要建立在非常穩定的網路基礎上，往往還會造成財務與制度的重大衝擊，人力瓶頸也經常是造成企業實施成功與否的最大障礙。目前國內主流的ERP系統供應商為鼎新，而國際大廠則為思愛普（SAP）以及甲骨文（Oracle）。

鼎新電腦擁有國內最完備的ERP系統與專業

　　導入ERP系統並非只有買套軟體而已，從一般現場管理到電子化流程都需要有一套嚴謹的制度，否則根本無法發揮ERP系統的效益。因此必須審慎評估，通常是以下面三種方式來實施：

5-5-1 全面性導入方式

　　對於一般企業選擇的導入方式來說，最普遍的方式莫過於全面性導入，指的是公司各部門全面同時導入，藉由這樣大幅度的改變，調整組織的營運方式與人員編制，好處是一次可以解決所有的問題，是普遍較常採用的模式。不過這種作法的好處是一次可以解決所有問題，同步達到企業流程再造的目標。不過貿然地大規模改變組織體質，也有可能造成企業內部產生嚴重的危機。

5-5-2 漸近式導入方式

　　漸近式導入是將系統劃分為多個模組，主要是選擇企業的一個事業單位或部門，每次導入少數幾個模組或一次將所需要的模組導入，導入的時間相對較短，好處是可以讓企業逐步習慣新系統的作業方式，等到系統運作順暢後，再開始進行企業全面性的導入。這種一個成功了再換下一個的模式，便可以大幅降低風險失敗的風險。缺點是必須等待所有部門逐步導入後，才有一套整合性ERP系統，可能消耗較多的時間成本。對於ERP經驗不足或資訊部門能力有限的企業，是可以考慮採行的較佳方式。

5-5-3 快速導入方式

　　在時間珍貴競爭激烈的產業環境，企業為了要增加時效性，有時候ERP系統廠商提供的解決方案並不完全適用，企業可依據某些作業需求來做規劃。例如選擇導入財務、人事、生產、製造、庫存、配銷系統等部分模組，等到將來有需要時，再逐步將其他模組導入，最後推廣到全公司。如此可達到快速導入的需求，由於導入的眼光只侷限在單一模組，缺點是缺乏整體規劃的風險，可能有見樹不見林的副作用。

本章習題

1. 何謂系統開發生命週期模式？試說明之。

2. 請簡單說明「企業再造工程」（Business Reengineering）的意義。

3. 為什麼MIS是一種「觀念導向」（Concept-Driven）的整合性系統？

4. 由美國人波曼（Brow man）等教授提出了所謂三階段資訊系統規劃模型為何？

5. 請說明「專家系統」（Expert System, ES）的優點。

6. 簡述「企業電子化」的定義。

7. 舉出兩種常用的資訊系統開發模式。

8. 簡述關聯式資料結構的概念及其優缺點。

9. 何謂「策略」（Strategy）？試說明之。

10. 試簡述多媒體資料庫。

11. 試說明關鍵成功因素（Critical Success Factor, CSF）。

12. 企業實施ERP有哪些優點？

13. ERP系統導入方式有哪三種？

14. 什麼是製造資源規劃（MRP II）？

15. 請簡介ERP II系統。

第六章

協同商務與相關商務管理工具

　　隨著商業環境不斷快速變遷與B2B模式的發展日益成熟，協同商務（Collaborative Commerce, CC）是一個嶄新的商業策略模式，不論是之前談過的企業資源規劃（ERP）與企業電子化，更包括供應鏈管理（Supply Chain Management, SCM）、顧客關係管理（Customer Relationship Management, CRM）或者是知識管理（Knowledge Management, KM）等，目前都已經無法滿足企業對快速回應市場的迫切需求，必須將這些商務管理工具（例如：ERP、SCM、CRM、KM等）整合起來以達到企業資訊共享與決策之用。這種電子商務的創新整合應用稱為「協同商務」，簡單來說，協同商務就是一種達成在業務作業及決策過程中的共享，讓買賣雙方彼此互相分享知識並共同緊密合作，以共同開發產品、市場、服務等，進而提高企業雙贏的整體競爭力。

裕隆日產汽車企業的協同商務（Collaborative Commerce, CC）相當成功

6-1 供應鏈管理簡介

　　隨著全球市場競爭態勢日趨激烈，「供應鏈管理」（Supply Chain Management, SCM）已經成為企業保持競爭優勢與增加企業未來獲利，並協助企業與供應商或企業伙伴間的跨組織整合所依賴的資訊系統。供應鏈管理（SCM）在1985年由邁克爾‧波特（Michael E. Porter）提出，可視為一個策略概念，主要是關於企業用來協調採購流程中關鍵參與者的各種活動，範圍包含採購管理、物料管理、生產管理、配銷管理與庫存管理乃至供應商等方面的資料予以整合，並且針對供應鏈的活動所作的設計、計畫、執行和監控的整合活動。

Tips

德國政府2011年提出第四次工業革命，又稱為「工業4.0」（Industry 4.0）概念，做為「2020高科技戰略」十大未來計畫之一，也就是把新的數位科技應用到製造業以及其後價值鏈的每一階段，供應鏈過去僅被視作提升成本效益的一環，但現在其角色已有所演進，複雜性也大大加深，工業4.0首重供應鏈整合，智慧生產正一步步化為現實，轉變成自動化智能工廠，供應鏈的重要性大大提高，例如台積電已經全面讓供應鏈管理（SCM）的進階應用的效果更加具體，就是以智慧製造來推動產品創新，並取代傳統的機械和機器一體化產品，找出生產線品質不良的機台，進而提升其晶圓產能。

CHAPTER

6

6-2 供應鏈的類型

供應鏈管理（SCM）就是一個企業與其上下游的相關業者所構成的整合性系統，包含從原料流動到產品送達最終消費者手中的整條鏈上的每一個組織與組織中的所有成員，形成了一個層級間環環相扣的連結關係，目的就是在一個令顧客滿意的服務水準下，使得整體系統成本最小化。

康是美藥妝店建立了完善的電子供應鏈管理系統

　　供應鏈通常會被歸類為推式、拉式與混合式三種模式。事實上，推與拉的供應鏈各有其策略優勢，不同產業因為產品與市場之不同，會有不同型態的供應鏈。不過絕大多數產業的供應鏈還是由「推式」與「拉式」共同組成混合式供應鏈，甚至同一公司不同的產品線，也是如此。以量販店的日用品為例，顧客對這些產品現貨要求較高，基本上均屬於推式的供應鏈，但3C消費商品如大尺寸電視，以稀少的頂層客戶為主，則多屬拉式的供應鏈。請看以下對兩種供應鏈詳細的說明：

> **Tips**
>
> 　　「紅色供應鏈」是當前兩岸經貿領域的熱門詞彙，紅色供應鏈發展的環境優勢主要是來自於中國大陸成為全球第二大經濟體後，由於全球電子產業的快速發展，中國大陸政府大力推動在內部建立完整的產業供應鏈，中國大陸已經逐漸由「世界工廠」的角色轉型為「世界市場」，向來以完整電子產業鏈稱霸全球的台灣，則是首當其衝的受害者。

戴爾（Dell）公司的供應鏈管理是全球的典範

6-2-1 推式供應鏈

推式供應鏈（push-based supply chain）模式，又稱庫存導向模式，生產預測是以長期預測基礎，反應市場的變動往往會花較長的時間，通常製造商會以從零售商那裡收到的訂單來預測顧客需求。從行銷的角度來說，先把產品放在連鎖商店的貨架上，再賣給消費者，在通路行銷學上屬於「推動策略」（push strategy）。優點是有計畫地為一個目標需求量（市場預測）提供平均最低成本與最有效率的產出原則，容易達到經濟規模成本最小化，不過這可能導致市場需求不如預期時，容易造成長鞭效應，推出的愈多，庫存風險與就愈大。

> **Tips**
>
> 　「長鞭效應」（bullwhip effect）的作用就是把整個供應鏈比做一條鞭子，整個供應鏈從顧客到生產者之間，當需求資訊變得模糊而造成誤差時，隨著供應鏈愈拉愈長，波動幅度愈大，這種波動最終會造成上游的訂貨量及存貨量相當大的積壓，而且愈往上游的供應商情形是愈嚴重。長鞭效應是來自於對於終端消費資訊的掌握度不足，解決之道是將這個鞭子縮得愈短愈好，透過高效能的供應鏈管理系統，直接降低企業的庫存成本，實現即時回應客戶需求的理想境界。

6-2-2 拉式供應鏈

　在一個以拉式為基礎的供應鏈（pull-based supply chain）中，必須以顧客為導向，又稱訂單導向模式，也就是要重視所謂實際「需求牽引」（Demand Pull），而非以預測資料為依據。在一個完全拉式系統中，公司不囤積任何的存貨，而只是回應特定的訂單。隨著資訊科技的進步，尤其是網路工具的發達，讓供應鏈更有可能由推式模型發展為拉式模型。優點在於可以快速反應消費者的需求，大幅減少庫存量，不容易造成長鞭效應，缺點則是客製化服務導致成本過高，無法降低生產成本。

6-2-3 混合式供應鏈

　拉式與推式基礎的供應鏈並非兩個獨立的生產方式，絕大多數產業的供應鏈是由「推式」與「拉式」兩部份組成的混合式供應鏈，先利用推式基礎的供應鏈來準備半成品，等到顧客進行下單後，再使用拉式基礎的供應鏈來提供客製化的商品。例如戴爾電腦透過良好的供應鏈管理，與供應商達成高度整合，更利用接單後生產模式，讓新產品在最短時間交到客戶手上。我們再以金石堂網路網路書店為例，對於排行榜內的暢銷書部分採用提前進貨維持庫存的方式，當接到客戶訂單即現貨配送的推式供應鏈，

另外對較少人詢問的冷門書籍部分，則是接到客戶訂單後再向出版社訂貨的拉式供應鏈。

金石堂網路書店的書籍供應採用混合式供應鏈

6-3 供應鏈作業參考模型

供應鏈管理系統的目標是在提升客戶滿意度、降低公司的成本及企業流程品質最優化的三大前提下，以電腦與網路科技對於供應鏈的所有環節以有效的組織方式進行綜合管理，希望能達到對於買方而言，可以降低成本，提高交貨的準確性，對於賣方而言，能消除不必要的倉儲與節省運輸成本，強化企業供貨的能力與生產力。

相對於企業電子化需求的兩大主軸而言，ERP是以企業內部資源為核心，SCM則是企業與供應商或策略夥伴間的跨組織整合，在大多數情況下，ERP系統是SCM的資訊來源，ERP系統導入與實行時間較長，SCM

系統實行時間較短。在過去電子商務模式一直朝著如何爲企業更快速地網路上獲利潤而發展，不過到了今天許多企業主們開始思考如何運用電子商務的模式來強化企業經營體質與整合整個產業鏈的協同運作，將會是企業面對全球化競爭的一大利器。

　　美國供應鏈協會（Supply Chain Council, SCC）提出了供應鏈作業參考模型（Supply Chain Operations Reference Model, SCOR）模型，適合於不同工業領域的供應鏈運作參考模型，也是第一個標準的供應鏈流程參考模型。理論基礎是將企業供應鏈活動放入SCOR模式中，爲供應鏈管理提供一個流程架構，可以確保不同部門和企業間可以用同一種語言溝通，其中將供應鏈的流程區分爲五大類——計畫（Plan）、採購（Source）、製造（Make）、配送（Deliver）及退貨（Return），簡單來說，**SCOR模型可說是建立在以下5個作業流程的架構上：**

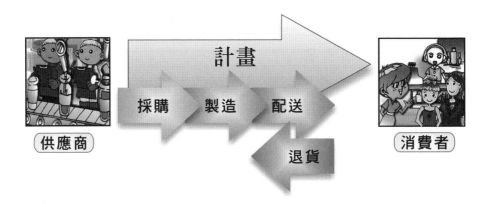

■ 計畫（Plan）

　　計畫活動包含了評估企業整體產能與資源、總體需求規劃以及針對產品與配銷管道，進行最佳的存貨規劃、配送規劃及生產的規劃與控制。

■ 採購（Source）

採購作業包含了尋找供應商、收料、進料、品檢與發料作業及建立起一套完整的採購管理流程。

■ 製造（Make）

製造作業包含了領料、產品製造、生產狀況掌握、產品測試與包裝出貨等的生產品質管理流程控制。

■ 配送（Deliver）

配送作業是調整用戶的定單收據、建立倉庫網、配送品質、派遞送人員提貨並送貨到顧客手中、建立配送的一般作業與管理流程。

■ 退貨（Return）

退貨作業是供應鏈中的問題處理部分，主要是將不良的原物料退回給供應商，以及產品被顧客退回的處理方式，接受並處理從客戶出返回的產品，處理接收客戶退貨、退換貨、銷毀與相關作業流程。

Tips

在供應鏈管理中，經常為了達成某些目標，必須要犧牲另外一些目標的情形，這樣的取捨情況「互抵效應」（Trade-Off Effect），互抵效應無法完全被消除，但可以盡量減少它的效應影響，例如在客戶滿意度方面就會遇到服務水準與庫存成本間兩難的互抵效應。

6-4 物流管理與全球化運籌管理

　　物流管理近年來已成為企業重視的專業技術，不僅可降低營運成本，也是企業競爭力的利器之一，所謂「物流」（logistics）為以運輸倉儲為主的相關活動，就是指原料或成品的實體配送與流動，包括實體供應與配送的整個流程。物流管理就是處理商品自原料到成品消費的過程，也就是對物流運作過程實施計畫，提高管理效率的活動組成的基本流程。

　　美國供應鏈管理專業協會（CSCMP）對「物流管理」（Logistics Management）的定義為：「供應鏈管理的一部分，可透過資訊科技，對物料由最初的原料，一直到配送成品，就是指完成製成之產品到消費者端的整個流通過程。」目前21世紀電子商務的世代中，做好高效且完善的物流管理，並且發展出良好上、下游業者供應鏈夥伴關係，是現代企業必須面臨的關鍵課題。

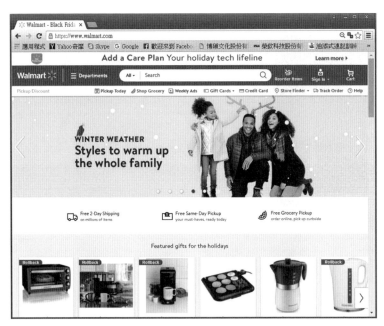

成功的物流管理帶來沃爾瑪的經營成果

　　此外，隨著供應鏈管理的演進與資訊科技的進步，企業國際化與自由化已是不可避免的發展趨勢，目前開始有不少的企業著重在導入「全球化運籌管理」（Global Logistics Management, GLM）來提升企業整體的競爭力，更是未來邁向國際市場的致勝因素。全球化運籌管理（GLM）是一種全球生產與行銷營運的國際化策略，也是跨國界的供應鏈之資源整合模式，企業從產品的研發上市乃至運送，已到分秒必爭的地步，當企業的整體供應鏈架構是建立在全球市場這個基礎上時，全球運籌管理系統的建立就變得非常重要。例如華碩產品生產基地廣布亞洲、歐洲、美洲等地，除了就生產、組裝據點進行全球布局外，追求具競爭力的製造成本，降低全球庫存，提高存貨週轉率與迅速反應的營運機制，形成完美的供應鏈體系。

華碩電腦的全球化運籌管理相當成功

6-5 顧客關係管理

　　管理大師杜拉克（Peter F. Drucker）曾經說過，商業的目的不在「創造產品」，而在「創造顧客」，企業存在的唯一目的就是提供服務和商品去滿足顧客的需求。俗話常說，要抓住男人的心就要先抓住他的胃，在競爭激烈的網路行銷時代，想要擁有忠誠的顧客，唯一的解決之道就是顧客關係管理。

亞瑪遜的顧客關係管理系統做得相當成功

　　現在企業無論規模大小，成功的重要關鍵在於能夠有效做好顧客管理，進而創造商機與增加獲利。「顧客關係管理」（Customer Relationship Management, CRM）這個概念是在1999年時由Gartner Group Inc提出來，最早開始發展顧客關係管理的國家是美國，企業在行銷、銷售及顧客服務的過程中，則可透過「顧客關係管理」系統與顧客建立良好的關係。CRM的定義是指企業運用完整的資源，以客戶為中心的目標，讓企業具

備更完善的客戶交流能力，透過所有管道與顧客互動，並提供優質服務給顧客，CRM不僅僅是一個概念，更是一種以客戶為導向的運營策略。

6-5-1 顧客關係管理的內涵

　　顧客是企業的資產也是收益的來源，市場是由顧客所組成，任何企業對顧客都有存在的價值，這個價值決定了顧客的期望，當顧客的期望能夠得到充分的滿足，他們自然會對你的產品情有獨鍾。今日企業要保持盈餘的不二法門就是保住現有顧客。

Tips

　　所謂「20-80」定律表示，就是對於一個企業而言，贏得一個新客戶所要花費的成本，幾乎就是維持一個舊客戶的五倍，留得愈久的顧客，帶來愈多的利益。小部分的優質顧客提供企業大部分的利潤，也就是80%的銷售額或利潤往往來自於20%的顧客。

　　由於現代企業已經由傳統功能型組織轉為網路型組織，顧客關係管理的內涵就是透過網路無所不在的特性，主動掌握客戶動態及市場策略，並利用先進的IT工具來支援企業價值鏈中的行銷（Marketing）、銷售（Sales）與服務（Service）等三種自動化功能，來鎖定銷售目標及擬定最佳的服務策略。

Tips

　　許多企業往往希望不斷的拓展市場，經常把焦點放在吸收新顧客上，卻忽略了手邊原有的舊客戶，如此一來，也就是費盡心思地將新顧客拉進來時，被忽略的舊用戶又從後門悄悄的溜走了，這種現象便造成了所謂的「旋轉門效應」（Revolving-door Effect）。

企業建立顧客關係原來就是從行銷端開始，現代銷售人員的主要責任在於管理大量的顧客關係，並且提供顧客在雙方關係裡更多的附加價值，例如吸引消費者加入會員、定期寄送活動簡訊或電子報、紅利點數、購物紀錄等，與建立共同平台與服務專屬的整合專頁，簡化跨部門資源溝通協調時間，並且透過活動開發潛在客戶，進一步分析行銷活動效益，達成顧客最高滿意度與貢獻度的行銷模式，進而創造出以「關係行銷」（Relationship Marketing） 為行銷的核心價值，來創造企業長期的高利潤營收，將客戶資源轉化成有形的資產，進而達到更多銷售機會的開創，才是最終的王道。

Tips

「關係行銷」（Relationship Marketing）是以一種建構在「彼此有利」為基礎的觀念，強調銷售是關係的開始，而非交易的結束，發展出了解顧客需求，而進行顧客服務，以建立並維持與個別顧客的關係，謀求雙方互惠的利益。

6-5-2 CRM系統的種類

顧客關係管理（CRM）系統就是一種業務流程與科技的整合，是隨著網際網路興起，相關技術延伸而生成的一種商業應用系統。目標在有效地從多面向取得顧客的資訊，就是建立一套資訊化標準模式，運用資訊技術來大量收集且儲存客戶相關資料，加以分析整理出有用資訊，並提供這些資訊用來輔助決策的完整程序。

叡揚資訊是國內顧客關係管理系統的領導廠商

　　CRM重視與顧客的交流，對企業而言，導入CRM系統可以記錄分析所有的客戶行為，同時將客戶分類為不同群組，並藉此行銷與調整企業的相關產品線。無論是供應端的產品供應鏈管理、需求端的客戶需求鏈管理，都應該全面整合包括行銷、業務、客服、電子商務等部門，還應該主動了解與檢討客戶滿意的依據，並適時推出滿足客戶個人的商品，進而達成企業獲利的整體目標。

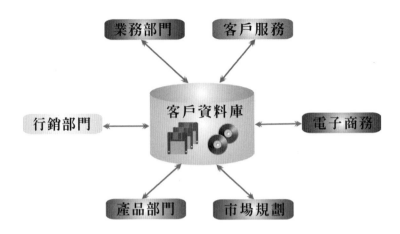

發展已有十多年的CRM系統曾經歷經多次變化，搭配電子商務興起的CRM風潮，是希望透過資訊技術與管理思維，強化與客戶之間的關係。客戶關係管理系統所包含的範圍相當廣泛，就產品所訴求之重點加以區分，可分為操作型（Operational）、分析型（Analytical）和協同型（Collaorative）三大類CRM系統，彼此間還可以透過各項機制整合，讓整體效能發揮到最高，說明如下：

■ 操作型CRM系統：主要是透過作業流程的制定與管理，即運用企業流程的整合與資訊工具，協助企業增進其與客戶接觸各項作業的效率，乃至於供應鏈管理系統等，並以最佳方法取得最佳效果。

■ 分析型CRM系統：收集各種與客戶接觸的資料，要發揮良好的成效則有賴於完善的資料倉儲（Data Warehouse），並藉由線上交易處理（OLTP）、線上分析處理（OLAP）與資料探勘（Data Mining）等技術，經過整理、匯總、轉換、儲存與分析等資料處理過程，幫助企業全面了解客戶的行為、滿意度、需求等資訊，並提供給管理階層做為決策依據。

Tips

線上交易處理（On-Line Transaction Processing, OLTP）是指經由網路與資料庫的結合，以線上交易的方式處理一般即時性的作業資料。

線上分析處理（Online Analytical Processing, OLAP）可被視爲是多維度資料分析工具的集合，使用者在線上即能完成的關聯性或多維度的資料庫（例如資料倉儲）的資料分析作業並能即時快速地提供整合性決策。

■ **協同型CRM**：透過一些功能組件與流程的設計，整合了企業與客戶接觸與互動的管道，包含客服中心（Call Center）、網站、E-Mail、社群機制、網路視訊、電子郵件等負責與客戶溝通聯絡的機制，目標是提升企業與客戶的溝通能力，同時強化服務的時效與品質。

6-5-3 資料倉儲與資料探勘

在競爭日益激烈的今天，不斷追逐新顧客已經不是聰明的策略了，有效的顧客關係管理系統才能夠協助企業創造更多收益。隨著消費市場需求型態的轉變與資訊技術的快速發展，爲了要應付現代龐大的網際網路資訊收集與分析，資料庫管理系統除了提供資料儲存管理之外，還必須能夠提供即時分析結果。「資料倉儲」（Data Warehouse）與「資料探勘」（Data Mining）都是顧客關係管理系統（CRM）的最核心技術之一，兩者的結合可幫助快速有效地從大量整合性資料中，分析出有價值的資訊，有效幫助建構商業智慧（Business Intelligence, BI）與決策制定。

> **Tips**
>
> 　　「商業智慧」（Business Intelligence, BI）是企業決策者決策的重要依據，屬於資料管理技術的一個領域。BI一詞最早是在1989年由美國加特那（Gartner Group）分析師Howard Dresner提出，主要是利用線上分析工具（如OLAP）與資料探勘（Data Mining）技術來淬取、整合及分析企業內部與外部各資訊系統的資料資料，將各個獨立系統的資訊可以緊密整合在同一套分析平台，目的是為了能使使用者能在決策過程中，即時解讀出企業自身的優劣情況。

　　由於傳統資料庫管理系統只能應用在線上交易處理，對於提供線上分析處理（OLAP）功能卻尚嫌不足，因此為了能夠在龐大的資料中提鍊出即時、有效的分析資訊，在西元1990年由Bill Inmon提出了資料倉儲（Data Warehouse）的概念。傳統資料庫著重於單一時間的資料處理，而資料倉儲是屬於整合性資料儲存庫，企業可以透過資料倉儲分析出客戶屬性及行為模式等，以方便未來做出正確的市場反應。

　　企業建置資料倉儲的目的是希望整合企業的內部資料，並綜合各種整體外部資料來建立一個資料儲存庫，是作為支援決策服務的分析型資料庫，能夠有效的管理及組織資料。通常可使用「線上分析處理技術」（OLAP）建立「多維資料庫」（Multi Dimensional Database），整合各種資料類型，以提供多維度的線上資料分析，進一步輔助企業做出有效的決策。

　　資料探勘（Data Mining）則是一種近年來被廣泛應用在商業及科學領域的資料分析技術。因為在數位化時代裡，氾濫的大量資料卻未必馬上有用，資料探勘可以從一個大型資料庫所儲存的資料中萃取出有價值的知識，是屬於資料庫知識發掘的一部分，也可看成是一種將資料轉化為知識的過程。資料探勘是整個CRM系統的核心，企業可藉由行銷資訊系統從

企業的資料倉儲中收集大量顧客的消費行為與資訊，然後利用資料探勘工具，找出顧客對產品的偏好及消費模式以後，便可進一步分析確認顧客需求，以達到利潤最大化的目標。資料探勘技術常也會搭配其他工具使用，例如利用統計、人工智慧或其他分析技術，嘗試在現存資料庫的大量資料中進行更深層分析，自動地發掘出隱藏在龐大資料中各種有意義的資訊。

6-6 知識管理

　　知識（Knowledge）是將某些相關連的有意義資訊或主觀結論累積成某種可相信或值得重視的共識，也就是一種有價值的智慧結晶，當知識大規模的參與影響社會經濟活動，就是所謂「知識經濟」。在知識經濟時代的企業經營特徵，主要顯現在知識取代傳統的有形產品，知識是企業最重要的資源，因此知識管理（Knowledge Management）將成為企業管理的真正核心。

6-6-1 知識管理與種類

　　知識管理就是企業透過正式的途徑獲取各種有用的經驗、知識與專業能力，不僅包含取得與應用知識，主要以知識與管理為核心，結合科技、創新、網路競爭力等元素的新經濟模式。對於企業來說，知識可區分為內隱知識與外顯知識兩種，內隱知識存在於個人身上，與員工個人的經驗與技術有關，是比較難以學習與移轉的知識。外顯知識則是存在於組織，比較具體客觀，屬於團體共有的知識，例如已經書面化的製造程序或標準作業規範，相對也容易保存與分享。分別說明如下：

■ 內隱知識

　　存在於個人身上，源自於個人認知的主觀知識，較無法用文字或句子表達的知識，包含認知及技能兩種面向，特別是與員工個人的經驗與技術

有關，也往往是企業競爭力的重要來源。因此是一種難以被記錄、傳遞與散播與移轉的知識，包括認知技能和透過經驗衍生的技術能力，例如醫師長期累積對於疾病的診斷與用藥的知識。

■ 外顯知識

存在於組織中，是一種具備條理及系統化的知識，可以利用文字和數字來表達，屬於企業或團體共有的知識，不論是傳統書面文件，或電子化後的檔案，或者是已經書面化製造程序、電腦程式、專利、圖形、標準作業規範、個案文件或使用手冊等，特性是相對容易保存、複製與分享給他人，而且可以透過正式形式及系統性傳遞的知識。

知識管理的目標在於提升組織的生產力與創新能力，通常當企業內部資訊科技愈普及時，愈容易推動知識管理，知識管理的重點之一，就是要將企業或個人的內隱知識轉換為外顯知識，例如組織內部利用較資深員工的帶領，仿照母雞帶小雞的方式讓新進員工從他們的身上開始學習。不過在實際推動實施知識管理內容時，必須與企業經營績效結合，才能說服企業高層全力支持。護國神山台積電就是台灣最早開始導入知識管理的企業，難怪毛利率可以遙遙領先競爭對手約一倍幅度之大。

6-6-2 知識螺旋簡介

知識管理的重點就是著眼於如何將內隱知識有效地在組織的不同層級中傳遞，有效地擴大組織與個人的知識範圍，就是要將企業或個人的內隱知識轉換為外顯知識，來促進企業的知識傳承。因為只有將知識外顯化，才能透過資訊科技與設備儲存起來，以便日後知識的分享與再利用。Nonaka & Takeuchi（1995）提出了知識螺旋架構SECI模式（socialization, Externalization, Combination, Internatization），強調知識的創造乃經由內隱與外顯知識互動創造而來的，組織本身無法創造知識，內隱知識是組織知識創造的基礎，這個創造過程是一種螺旋過程，有下列四種不同的知

識轉換模式，分述如下：

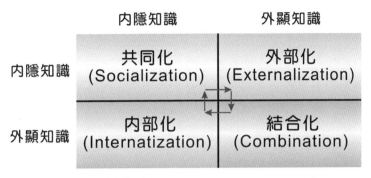

知識創造模式（Nonaka & Takeuchi, 1995）

■ 共同化

共同化（socialization）是人與人間的知識分享，指的是組織成員間內隱知識轉換為內隱知識的過程，例如機車行學徒利用觀察、模仿老師傅而學習到修車的技巧。

■ 結合化

結合化（Combination）是將具體化的外顯知識和現有知識結合，經由分析、分類、分享將外顯知識整合成為系統化外顯知識來擴大知識的基礎，例如建立資料庫系統來儲存知識，讓知識的轉換和利用更為方便，個人透過文件、會議、電腦網路進行知識的交換與結合。

■ 外部化

外部化（Externalization）是透過有意義的溝通或交談，將內隱知識表達為外顯知識的過程，例如利用語言或文字表達知識，將意象觀念化的過程，例如程式設計、口頭陳述、文章表現等。

■ 內部化

內部化（Internatization）是學習新知識，將外顯知識變成員工自己的內隱知識過程，也就是經由不斷的教育訓練與學習，將外顯知識轉化為內隱知識的過程。例如企業利用較資深員工的帶領，仿照母雞帶小雞的方式讓新進員工從他們的身上開始學習。

6-7 認識協同商務

在e化浪潮競爭激烈的環境中，如何善用企業資源，降低營運成本，鞏固上、下游客戶關係，也將會是企業能否成功的關鍵因素。協同商務被看成是下一代的電子商務模式，美國加特那（Gartner Group）公司在1999年對協同商務提出的定義為企業可以利用網際網路的力量整合內部與供應鏈，包括顧客、供應商、配銷商、物流、員工可以分享等相關合作夥伴，擴展到提供整體企業間的商務服務，甚至是加值服務，並達成資訊共用使得企業獲得更大的利潤。

6-7-1 協同商務的模式

協同商務對於企業未來生存有相當程度的重要性，把具有共同商業利益的合作夥伴整合起來，將企業由內至外之所有資源如企業資源規劃系統（ERP）、供應鏈管理系統（SCM）、顧客關係管理系統（CRM）、知識管理（KM）工具整合起來以達企業分享知識及經驗之效果。

透過協同商務與更深化的電子化應用，不僅可以為企業及其合作的協力廠商，提供更即時與便捷的交易資訊，對外也能拓展客戶群、提高作業效率，進而增加獲利。美國研究機構梅塔集團（META Group）由商務模式觀點歸納出四種企業協同商務營運模式，主要分為「設計協同商務」、「行銷/銷售協同商務」、「採購協同商務」與「規劃/預測協同商務」，

通常需結合不同的協同營運模式來實施，或者四種功能將被整合為一種解決方案。

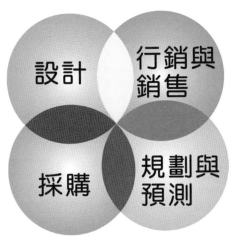

協同商務四種營運模式

■ 設計協同商務（Design Collaboration）

未來和產品有關之單位，包含供應商與客戶，例如設計者、製造者、供應商、行銷人員等，都可同時參與產品開發並且互相溝通討論，透過網路讓合作廠商都看的到。從產品設計階段開始整合外部的夥伴，進行高度的互動關係，不但能大幅節省產品設計開發所需的時間，同時可以降低製造、行銷時所產生的損失。

■ 行銷與銷售協同商務（Marketing/Selling Collaboration）

強調和通路夥伴間的協同商務，著重彼此之間資訊、訂單、價格與品牌等流程的共享，並提供可供承諾的資訊，讓製造商到零售商之間的各通路緊密結合，並協力支援消費者對產品或服務的需求。

■ 採購協同商務（Buying Collaboration）

　　數個廠商可以結合起來大量的購買某些產品或服務，以求降低採購成本的協同商務，而且個別供應商還可藉由合作共同提供產品或服務，方便消費者一次大量採購，不需同時向數家供應商下訂單。

■ 規劃與預測協同商務（Planning / Forcasting Collaboration）

　　供應商跟零售商可以透過協同商務來預測商品的銷售，主要目的在於減少供需之間商業流程的差異，讓供應鏈更符合需求導向，這樣可以減少多餘的庫存，並讓供應鏈更符合需求導向。

Tips

　　一帶一路理念是由中國國家主席習近平2013年分別提出建設「絲綢之路經濟帶」（Silk Road Economic Belt）和「21世紀海上絲綢之路」（21st Century Maritime Silk Road）的構想，簡稱「一路一帶」（One Belt and One Road），其中建設貫穿歐亞非的大通道，東邊連接亞太經濟圈，西邊進入歐洲經濟圈，希望建立歐洲亞洲經濟合作夥伴關係。「一帶一路」戰略涵蓋全球26個國家、44億人口，國民生產毛額（GDP）規模逾20兆美元，例如成立的亞洲基礎設施投資銀行（簡稱亞投行），旨在透過提供貸款沿路國家，興建道路、鐵路、基建等交通設施，打通區域內互聯互通建設，便利經貿來往，成員國共有57個。

本章習題

1. 梅塔集團（META Group）由商務模式觀點歸納出哪四種企業協同商務營運模式？

2. 試簡述協同商務的內容。

3. 何謂規劃與預測協同商務？

4. 試敘述顧客關係管理系統的目標。

5. 有哪幾種類型的客戶關係管理系統？

6. 請說明供應鏈管理（SCM）。

7. 何謂知識經濟？試簡述之。

8. 請說明對於企業來說，知識可區分為哪些？

9. 試說明「推式供應鏈」（push-based supply chain）的優缺點。

10. 企業建置資料倉儲的目的為何？

11. 何謂「線上分析處理」（Online Analytical Processing, OLAP）？

12. 何謂規劃與預測協同商務？

第七章

無限可能的行動商務

　　自從後PC時代來臨後，隨著5G行動寬頻、網路和雲端服務產業的帶動下，消費者在網路上的行為愈來愈複雜，我們可以在任何時間、地點都能立即獲得即時新聞、閱讀信件，查詢資訊、甚至進行消費購物等無所不在的服務，全面朝向行動化應用領域發展。

Tips

　　5G（Fifth-Generation）指的是行動電話系統第五代，也是4G之後的延伸，5G智慧型手機已經在2019年上半年正式推出，宣告高速寬頻新時代正式來臨，屆時除了智慧型手機，5G 還可以被運用在無人駕駛、智慧城市和遠程醫療領域。

CHAPTER

7

行動App已經成為現代人購物的新管道

　　行動商務（Mobile Commerce, M-Commerce）是電商發展的最新趨勢，網路家庭董事長詹宏志曾經在一場演講中發表他的看法：「愈來愈多消費者使用行動裝置購物，這件事極可能帶來根本性的轉變，甚至讓電子商務產業一切重來。」

Tips

　　App就是application的縮寫，也就是行動式設備上的應用程式，也就是軟體開發商針對智慧型手機及平版電腦所開發的一種應用程式，App涵蓋的功能包括了圍繞於日常生活的的各項需求。App市場交易的成功，帶動了如憤怒鳥（Angry Bird）這樣的App開發公司爆紅，讓App下載開創了另類的行動商務模式。

CHAPTER

7

7-1 行動商務簡介

現代人人手一機，消費螢幕從電腦轉移到小螢幕的智慧型手機上購物，這股趨勢愈來愈明顯，行動商務的使用者人數，開始呈現爆發性的成長，所帶來的更是快速到位、互動分享後所產生產品銷售的無限商機。事實上，從網路優先（Web First）向行動優先（Mobile First）靠攏的數位浪潮上跟所有其他商務平台相比，行動商務的「轉換率」（Conversation Rate）最高。

Tips

轉換率（Conversion Rate）就是網路流量轉換成實際訂單的比率，訂單成交次數除以同個時間範圍內帶來訂單的廣告點擊總數。

談到行動商務（Mobile Commerce, M-Commerce）的定義，簡單來說就是使用者以行動化的終端設備透過行動通訊網路來進行商業交易活動。較狹義的定義為透過行動化網路所進行的一種具有貨幣價值的交易。而廣義的來說，只要是人們透過行動網路來使用的服務與應用，都可以被定義在行動商務的範疇內。

由於行動商務的出現，不僅突破了傳統定點式電子商務，會受到空間與時間的侷限，而且在競爭日趨激烈的數位時代裡，還能夠大幅提升企業與個人的作業效率。使用者可以透過隨身攜帶的任何行動終端設備，結合無線通訊，無論人在何處，都能夠輕鬆上網，處理各種個人或公司事務，真正達到「任何時間、地點皆可以完成任何作業」的境界。

Tips

由於行動網路出現，打破了人們原本固有的時間板塊，於是「時間碎片化」成為常態。所謂「碎片化時代」（Fragmentation Era）是代表現代人的生活被很多碎片化的內容所切割，因此想要抓住受眾的眼球愈來愈難，同樣的品牌接觸消費者的時間愈來愈短暫，碎片時間搖身一變成為贏得消費者的黃金時間，電商想在行動、分散、碎片的條件下讓消費者動心，成為今天行動商務的行銷重要課題。

7-1-1 企業行動化

生產力是現今經濟環境中各類型企業最關心的議題，而行動性（Mobility）的增加在生產力提升中占了相當重要地位。從早期的e化（electronic）到接下來的I化（Internet），一直到近來的企業M化（Mobile）已經是時代潮流演進的必然結果。愈來愈多企業視行動上網為降低成本或提高生產力的利器，因此企業行動化（企業M化）成為全球專家和業者關注的焦點。M化的基本特性包含了效率、效能與整合，企業M化是e化的延伸，是將企業商務活動行動化，以降低成本、節省時間，提高管理效率。行動商務的願景提供了企業內外管理應用的全新解決方案，包括行動辦公雲、安全防護、行動會議室等服務。企業M化最大的效益，就是透過行動手持裝置來達到流程的改造。無線技術不僅成本低廉，更提供自行調整的自由度，尤其適合搭配持續變遷與擴充的應用環境，進而降低營運成本，並且增加獲利。

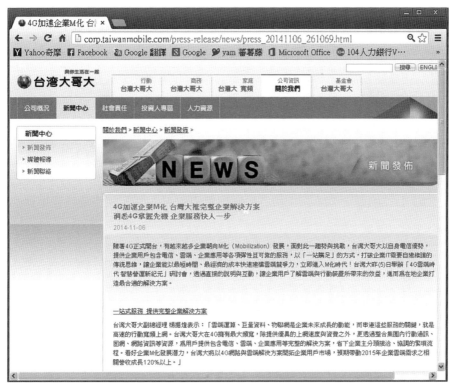

國內電信業者提出完整M化企業解決方案

7-1-2 行動資訊服務

　　透過人手一台的手機或平板電腦，這種個人化設備的快速普及也成為行動商務快速發展的推手，而行動商務最普遍且直接的應用就是行動資訊服務。目前行動商務可提供的個人化行動資訊服務，包括有簡訊收發、電子郵件收發、多媒體下載（如：圖片、動畫、影片、遊戲、音樂等）、資訊查詢（如：新聞氣象、交通狀況、股市資訊、生活情報、地圖查詢等）等。

Tips

　　QR Code（Quick Response Code）是由日本Denso-Wave公司發明的二維條碼，利用線條與方塊所結合而成的黑白圖紋二維條碼，不但比以前的一維條碼有更大的資料儲存量，除了文字之外，還可以儲存圖片、記號等相關訊息。QR Code隨著行動裝置的流行，愈來愈多企業使用它來推廣商品。因為製作成本低且操作簡單，只要利用手機內建的相機鏡頭「拍」一下，馬上就能得到想要的資訊，或是連結到該網址進行內容下載，讓使用者將資料輸入手持裝置的動作變得簡單。

QR code的使用越來越普遍

　　例如手機上就可看股票行情，就能讓投資人不用再擠在一起看盤，能隨時、隨地、即時的掌握股票市場的變動。此外，透過「定址服務」功能，能讓消費者在到達某個商業區時，可以利用GPS有定位的功能，判斷

目前所在的位址,並且快速查詢所在位置周邊的商店、場所以及活動等即時資訊,並能適時以各種商家所提供的促銷信息與廣告來吸引消費者。例如:速食店、加油站以及百貨公司特賣會等。

行動購物功能更能讓消費者透過無線上網終端設備執行快速的產品搜尋、比價、利用購物車下單等功能。例如瀏覽商品網站、查詢商品內容與價格資訊、商品特賣消息、線上付款等應用。而透過線上銀行的功能,提供顧客利用手機上網進行餘額查詢、付款、轉帳、繳費(如:稅款、停車費、水電瓦斯費等)等帳戶交易。

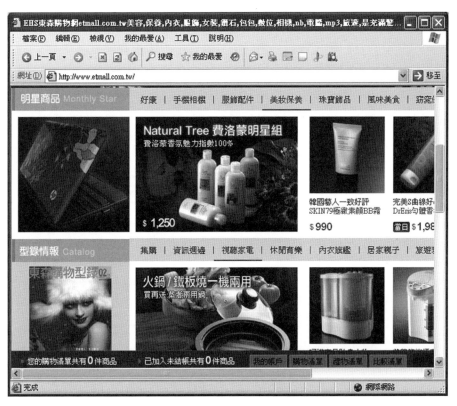

行動商務提供隨時隨地上網購物的功能

> **Tips**
>
> 　　全球定位系統（Global Positioning System, GPS）是透過衛星與
> 地面接收器，達到傳遞方位訊息、計算路程、語音導航與電子地圖等
> 功能，目前有許多汽車與手機都安裝有GPS定位器作為定位與路況查
> 詢之用。

7-1-3 定址服務（LBS）

　　「定址服務」（Location Based Service, LBS）或稱為「適地性服
務」，就是行動行銷中相當成功的環境感知的種創新應用，就是指透過行
動隨身設備的各式感知裝置，例如當消費者在到達某個商業區時，可以利
用手機等無線上網終端設備，快速查詢所在位置周邊的商店、場所以及活
動等即時資訊，對企業商家而言，LBS有著目標客群精準、行銷預算低廉
和廣告效果即時的顯著優點，只要消費者的手機在指定時段內進入該商家
所在的區域，就會立即收到相關的行銷簡訊，為商家創造額外的營收。

　　LBS能夠提供符合個別需求及差異化的服務，使人們的生活帶來更多
的便利，從許多手機加值服務的消費行為分析，都可以發現地圖、定址與
導航資訊主要是消費者的首選。

圖片來源：Line官方網站

> **Tips**
>
> 　　任何LINE用戶只要搜尋ID、掃描QR Code或是搖一搖手機，
> 就可以加入喜愛店家的「LINE@」帳號，就是一種LBS的應用。
> 「LINE@」強調互動功能與即時直接回應顧客傳來的問題，像是預約
> 訂位或活動諮詢等，實體店家也可以利用LBS鎖定生活圈5公里的潛
> 在顧客進行廣告行銷。

7-1-4 穿戴式裝置的興起

　　由於電腦設備的核心技術不斷往輕薄短小與美觀流行等方向發展，因
此智慧型「穿戴式裝置」（Wearable device）近年來如旋風般興起，被認
為是下一世代的新興電子產品，不只是手機，你穿的鞋子、戴的眼鏡、掛
的手錶，都可以幫你打點生活，甚至於上網交流與購物。連線上購物王牌
eBay正在組成新的團隊，計畫將電子商務帶入可穿戴式產品中，以拓展
事業版圖。

　　穿戴式裝置未來的發展重點，主要取決於如何善用可攜式與輕便性，簡單的滑動操控界面和創新功能，發展出吸引消費者的應用。手機配合的穿戴式裝置也愈來愈吸引消費者的目光，目前已經運用至時尚、運動、養生和醫療等相關領域。例如能夠戴在手腕上並像智慧型手機一樣執行應用程式的運動錶（Samsung Gear），或者像是「Google X」實驗室正在研發能偵測血糖值的智慧隱形眼鏡，可藉由眼淚無痛測量血糖，能讓糖尿病患者能隨時掌控身體狀況。事實上，穿戴式裝置的未來性，並非裝置本身，特殊之處在於將為全世界帶來全新的行動商務模式，實際上在倉儲、物流中心等商品運輸領域，早已可見工作人員配戴各類穿戴式裝置協助倉儲相關作業，或者相關行動行銷應用可以同時扮演連結者的角色。未來肯定有更多想像和實踐的可能性，可預期的潛在廣告與行銷收益將大量引爆，目前有愈來愈多的知名企業搭上這股穿戴裝置的創新列車。

韓國三星大廠也推出了許多款時尚實用的穿戴式裝置

CHAPTER

7

7-2 行動裝置線上服務平台

　　由於智慧型手機能夠依照使用者的需求，任意安裝各種應用軟體，爲了增加作業系統的附加價值，各家公司都針對其行動裝置作業系統推出了線上服務的平台。各家線上服務平台提供了多樣化的應用軟體、遊戲等，讓消費者在購買其智慧型手機後，能夠方便的下載其所需求的服務。

憤怒鳥公司網頁

　　隨著智慧型手機愈來愈流行，更帶動了App的快速發展，當然其他各廠牌的智慧型手機也都如雨後春筍般的推出。App就是application的縮寫，也就是行動式設備上的應用程式，也就是軟體開發商針對智慧型手機及平版電腦所開發的一種應用程式，APP涵蓋的功能包括了圍繞於日常生活的的各項需求。App市場交易的成功，帶動了如憤怒鳥（Angry Bird）這樣的App開發公司爆紅，讓App下載開創了另類的行動商務模式。

7-2-1 App Store

　　App Store是蘋果公司針對其下使用iOS作業系統的系列產品，iPod、iPhone、iPAD等，所開創的一個讓網路與手機相融合的新型經營模式，讓iPhone用戶可透過手機或上網購買或免費試用裡面的軟體，與Android的開放性平台最大不同，App Store上面的各類app，都必須經過蘋果公司工程師的審核，確定沒有問題才允許放上App Store讓使用者下載，也是一種嶄新的行動商務模式。各位只需要在App Store程式中點幾下，就可以輕鬆的更新並且查閱任何軟體的資訊。App Store除了將所販售軟體加以分類，讓使用者方便尋找外，還提供了方便的金流處理方式和軟體下載安裝方式，甚至有軟體評比機制，讓使用者有選購的依據。

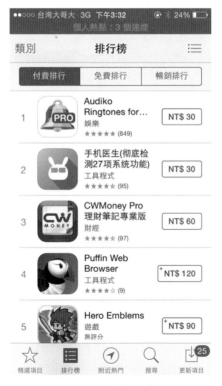

App Store首頁畫面

Tips

　　目前最當紅的手機iPhone就是使用原名為iPhone OS的iOS智慧型手機嵌入式系統，可用於iPhone、iPod touch、iPad與Apple TV，為一種封閉的系統，並不開放給其他業者使用。最新的iPhone 13所搭載的iOS 15是一款全面重新構思的作業系統。

7-2-2 Google play

　　Google也推出針對Android系統所提供的一個線上應用程式服務平台──Google Play，透過 Google Play網頁可以尋找、購買、瀏覽、下載及評級使用手機免費或付費的app和遊戲，Google Play為一開放性平台，任何人都可上傳其所發發的應用程式，有鑑於Android平台的手機設計各種優點，可見的未來將像今日的PC程式設計一樣普及。

Google Play商店首頁畫面

Tips

　　Android是Google公布的智慧型手機軟體開發平台，結合了Linux核心的作業系統，可使用Android的軟體來開發套件。Android擁有的最大優勢，就是跟各項Google服務的完美整合，不但能享有Google上的優先服務，憑藉著開放程式碼優勢，愈來愈受手機品牌及電訊廠商的支持。Android目前已成為許多嵌入式系統的首選，目前Android SDK的版本已經到Android12的版本，包括應用快捷方式、圖像鍵盤等新增功能，使用者可以自行上網下載。

7-3 行動商務相關基礎建設

　　隨著新興行動通訊技術與網際網路的高度普及化，加速了無線網路的發展與流行。無線網路可應用的產品範圍相當廣泛，涵蓋資訊、通訊、消費性產品的3C產業，並可與網際網路整合，提供了有線網路無法達到的無線漫遊的服務。各位可以輕鬆在會議室、走道、旅大廳、餐廳及任何含有熱點（Hot Spot）的公共場所，即可連上網路存取資料。

　　所謂「熱點」（Hotspot），是指在公共場所提供無線區域網路（WLAN）服務的連結地點，讓大眾可以使用筆記型電腦或PDA，透過熱點的「無線網路橋接器」（AP）連結上網際網路，無線上網的熱點愈多，無線上網的涵蓋區域便愈廣。

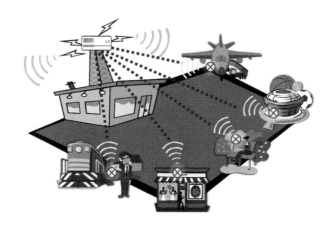

　　例如Wifly就是一種可在台北市大部分區域及連鎖餐廳提供的付費式無線網路服務，採用802.11系列標準之無線區域網路，總共在台北市佈建了4000顆以上AP（無線接取器）。臺北市民可隨時隨地用手機發E-Mail、在麥當勞寫報告、大安公園裡上網或在捷運上聽網路廣播，台北市民只要透過Wifly系統，不論是智慧型手機還是筆電上網都可以，實現了台北e城市的夢想。

　　無線網路在目前現代生活中應用範圍也已相當廣泛，如果依其所涵蓋的地理面積大小來區分，無線網路的種類有「無線廣域網路」（Wireless Wide Area Network, WWAN）、「無線都會網路」（Wireless Metropolitan Area Network, WMAN）、「無線個人網路」（Wireless Personal Area Network, WPAN）與「無線區域網路」（Wireless Local Area Network, WPAN）。

7-3-1 無線廣域網路

　　「無線廣域網路」（WWAN）是行動電話及數據服務所使用的數位行動通訊網路（Mobil Data Network），由電信業者所經營，其組成包含有行動電話、無線電、個人通訊服務（Personal Communication Service, PCS）、行動衛星通訊等。以下介紹常見的行動通訊標準。

■ AMPS

AMPS（Advance Mobile Phone System, AMPS）系統，是北美第一代行動電話系統，採用類比式訊號傳輸，即是第一代類比式的行動通話系統（1G）。例如早期耳熟能詳的「黑金剛」大哥大，原本090開頭的使用者。

■ GSM

「全球行動通訊系統」（Global System for Mobile communications, GSM）是於1990年由歐洲發展出來，故又稱泛歐數位式行動電話系統，即為第二代行動電話通訊協定。GSM的優點是不易被竊聽與盜拷，可進行國際漫遊。但缺點為通話易產生回音與品質較不穩定。

■ GPRS

「整合封包無線電服務技術」（General Packet Radio Service, GPRS）屬於2.5G行動通訊標準，GPRS透過「封包交換」（Packet Switch）技術，在資料傳輸的速率上，大為提升至171.2Kbps。在與GSM相較之下，資料傳輸速率足足多了20倍的效能。

■ 3G

3G（3rd Generation）就是第3代行動通訊系統，主要目的是透過大幅提升數據資料傳輸速度，比2.5G-GPRS（每秒160Kbps）更具優勢。除了2G時代原有的語音與非語音數據服務，還多了網頁瀏覽、電話會議、電子商務、視訊電話、電視新聞直播等多媒體動態影像傳輸，更重要的是在室內、室外和通訊的環境中能夠分別支援2Mbps（百萬位元組／每秒）、384kbps（千位元組／每秒）以及144kbps的傳輸速度。

■ 4G

4G（fourth-generation）是指行動電話系統的第四代，LTE（Long Term Evolution，長期演進技術）則是以GSM/UMTS的無線通信技術為主來發展，能與GSM服務供應商的網路相容，最快的理論傳輸速度可達170Mbps以上，也是全球電信業者發展4G的標準。我國在2013年10月通過4G釋照的審核名單，6家業者包括中華電信、台灣大哥大、遠傳電信、亞太電信、頂新集團以及鴻海旗下的國碁電子全數得標。

■ 5G

5G（fifth-generation）指的是移動電話系統第五代，也是4G之後的延伸，由於大眾對行動數據的需求年年倍增，因此就會需要第五代行動網路技術，現在我們已經習慣用4G頻寬欣賞愈來愈多串流影片，5G很快就會成為必需品。5G技術是整合多項無線網路技術而來，包括幾乎所有以前幾代移動通信的先進功能，對一般用戶而言，最直接的感覺是5G比4G又更快了、更聰明、更不耗電，方便各種新的無線裝置。雖然目前全球還沒有一個具體標準，不過在5G時代，全球將可以預見有一個共通的標準。韓國三星電子在2013年宣布，已經在5G技術領域獲得關鍵突破，5G的定義可能於2018年確定，預計未來將可實現10Gbps以上的傳輸速率，在這樣的傳輸速度下，下載一部電影可能只需要不到1秒鐘的時間！

7-3-2 無線都會網路

無線都會區域網路（Wireless Metropolitan Area Network, WMAN）是指傳輸範圍可涵蓋城市或郊區等較大地理區域的無線通訊網路，例如可用來連接距離較遠的地區或大範圍校園。「無線寬頻通訊標準」（Worldwide Interoperability for Microware Access, WIMAX）是英特爾大力主導推廣的新一代遠距無線通訊技術，WiMax有點像Wi-Fi無線網路

（即802.11），只是它的訊號範圍更廣、傳遞速度更快，所受到的干擾也比WiFi來得低，由於WiMAX不必拉線，被視為取代固網的最後一哩，所提供的網路存取速度與DSL和纜線連線接近，還能夠藉由寬頻與遠距離傳輸，協助ISP業者建置無線網路。

Tips

　　Wi-Fi（Wireless Fidelity）是泛指符合IEEE802.11無線區域網路傳輸標準與規格的認證。也就是當消費者在購買符合802.11規格的相關產品時，只要看到Wi-Fi這個標誌，就不用擔心各種廠牌間的設備不能互相溝通的問題。

7-3-3 無線區域網路

　　「無線區域網路」（WLAN），特性是高移動性、節省網路成本，並利用無線電波（如窄頻微波、跳頻展頻、HomeRF等）與光傳導（如紅外線與雷射光）作為載波（carrier）。無線區域網路標準是由「美國電子電機學會」（IEEE），在1990年11月制訂出一個稱為「IEEE802.11」的無線區域網路通訊標準，採用2.4 GHz的頻段，資料傳輸速度可達11Mbps。無線網路802.11X是一項可提供隨時上網功能的突破性技術，創造了一個無疆界的高速網路世界。您只要在可攜式電腦上插入一片無線區域網路卡，搭配存取點（Access Point, AP），就可在辦公大樓內部四處走動，且持續保持與企業內部網路和網際網路的順暢連線。

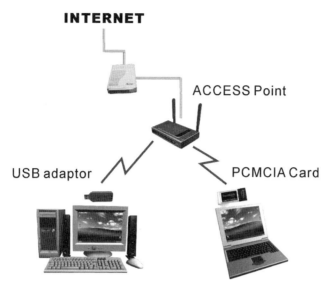

無線區域網路連線示意圖

CHAPTER

7

　　一般來說，窄頻微波與紅外線在WLAN較少人使用，至於最廣爲流行的展頻技術，在無線區域網路的應用則是依照「FCC」（Federal Communications Committee，即美國聯邦通訊委員會）所規範的「ISM」（Industrial, Scientific, Medical），它所開放的頻率範圍爲902M～928MHz及2.4G～2.484GHz兩個頻帶。

　　以下介紹常見的無線區域網路（WLAN）通訊標準：

■ 802.11b

　　802.11b是利用802.11架構來作爲一個延伸的版本，採用的展頻技術是採用「高速直接序列」，頻帶爲2.4GHz，最大可傳輸頻寬爲11Mbps，傳輸距離約100公尺。在802.11b的規範中，設備系統必須支援自動降低傳輸速率的功能，以便可以和直接序列的產品相容。另外爲了避免干擾情形的發生，在IEEE 802.11b的規範中，頻道的使用最好能夠相隔25MHz以上。

■ 802.11a

802.11a採用一種多載波調變技術，稱為OFDM（Orthotgonal Frequency Division Multiplexing）正交分頻多工技術，並使用5GHz ISM波段。最大傳輸速率可達54Mbps，傳輸距離約50公尺。雖擁有比802.11b較高的傳輸，但不相容與價格較高，尚未被市場廣泛接受。

> **Tips**
>
> 正交分頻多工技術（OFDM）是一種高效率的多載波數位調製技術，可將使用的頻寬劃分為多個狹窄的頻帶或子頻道，資料就可以在這些平行的子頻道上同步傳輸。

■ 802.11g

在無線區域網路的標準中，802.11a與802.11b是兩種互不相容的架構。這讓網路設備製造商無法確定哪一種規格才是未來發展方向，因此最後又發展出802.11g的標準。802.11g標準結合了802.11a與802.11b標準的精華，在2.4G頻段使用OFDM調製技術，使數據傳輸速率最高提升到54 Mbps的傳輸速率。並且保證未來不會再出現互不相容的情形，由於802.11b的Wifi系統後向相容，又擁有802.11a的高傳輸速率，802.11g使得原有無線區域網路系統可以向高速無線區域網延伸，同時延長了802.11b產品的使用壽命。

■ 802.11n

IEEE 802.11n是一項新的無線網路技術，也是無線區域網路技術發展的重要分水嶺，它使用2.4GHz與5GHz雙頻段，所以與802.11a、802.11b、802.11g皆可相容，雖然基本技術仍是WiFi標準，但是又利

用包括「多重輸入與多重輸出技術」（Multiple Input Multiple Output, MIMO）與「通道匯整技術」（Channel Binding）等，不但提供了可媲美有線乙太網路的性能與更快的數據傳輸速率，網路的覆蓋範圍更為寬廣。尤其在未來數位家庭環境中，將大量以無線傳輸取代有線連接，802.11n資料傳輸速度估計將達540Mbit/s，此項新標準要比802.11b快上50倍，而比802.11g快上10倍左右。

■ 802.11ac

802.11ac俗稱第5代Wi-Fi（5th Generation of Wi-Fi），第一個草案（Draft 1.0）發表於2011年11月，是指它運作於5 Ghz頻率，也就是透過5GHz頻帶進行通訊，追求更高傳輸速率的改善，並且支援最高160 MHz的頻寬，傳輸速率最高可達6.93Gbps，比目前主流的第四代802.11n技術在速度上將提高很多，並與802.11n相容，算是它的後繼者。在最理想情況下可以達到驚人的6.93Gbps，如果在考慮到線路及雜訊干擾等情況下，實際傳輸速度仍可達到與有線網路相比擬的Gbps等級高速，由此可見802.11ac將對現有市場造成衝擊，進而創造出更多無線應用。

7-4 無線個人網路

無線個人網路（WPAN），通常是指在個人數位裝置間作短距離訊號傳輸，通常不超過10公尺，並以IEEE 802.15為標準。通訊範圍通常為數十公尺，目前通用的技術主要有：藍芽、紅外線、Zigbee、Rfid、NFC等。最常見的無線個人網路（WPAN）應用就是紅外線傳輸，目前幾乎所有筆記型電腦都已經將紅外線網路（IrDA，Infrared Data Association）作為標準配備。

7-4-1 Bluetooth

　　藍牙技術（Bluetooth）最早是由「易利信」公司於1994年發展出來，接著易利信、Nokia、IBM、Toshiba、Intel等知名廠商，共同創立一個名為「藍牙同好協會」（Bluetooth Special Interest Group，Bluetooth SIG）的組織，大力推廣藍牙技術，並且在1998年推出了「Bluetooth 1.0」標準。可以讓個人電腦、筆記型電腦、行動電話、印表機、掃瞄器、數位相機等數位產品之間進行短距離的無線資料傳輸。

造型特殊的藍牙耳機

　　藍牙技術主要支援「點對點」（point-to-point）及「點對多點」（point-to-multi points）的連結方式，它使用2.4GHz頻帶，目前傳輸距離大約有10公尺，每秒傳輸速度約為1Mbps，預估未來可達12Mbps。藍牙已經有一定的市占率，也是目前最有優勢的無線通訊標準，未來很有機會成為物聯網時代的無線通訊標準。

Tips

　　Beacon是種低功耗藍牙技術（Bluetooth Low Energy, BLE），藉由室內定位技術應用，可做為物聯網和大數據平台的小型串接裝置，具有主動推播行銷應用特性，比GPS有更精準的微定位功能，可包括在室內導航、行動支付、百貨導覽、人流分析及物品追蹤等近接感知應用。

7-4-2 ZigBee

ZigBee是一種低速短距離傳輸的無線網路協定，是由非營利性Zig-Bee聯盟（ZigBee Alliance）所制定的無線通信標準，ZigBee工作頻率為868MHz、915MHz或2.4GHz，主要是採用2.4GHz的ISM頻段，傳輸速率介於20kbps～250kbps之間，每個設備都能夠同時支援大量網路節點，並且具有低耗電、彈性傳輸距離、支援多種網路拓撲、安全及最低成本等優點，為業界共同通用的低速短距無線通訊技術之一，可應用於無線感測網路（WSN）、工業控制、家電自動化控制、醫療照護等領域。

7-4-3 HomeRF

HomeRF也是短距離無線傳輸技術的一種。HomeRF（Home Radio Frequency）技術是由「國際電信協會」（International Telecommunication Union, ITU）所發起，它提供了一個較不昂貴，並且可以同時支援語音與資料傳輸的家庭式網路，也是針對未來消費性電子產品數據及語音通訊的需求，所制訂的無線傳輸標準。設計的目的主要是為了讓家用電器設備之間能夠進行語音和資料的傳輸，並且能夠與「公用交換電話網路」（Public Switched Telephone Network, PSTN）和網際網路各種進行各種互動式操作。工作於2.4GHz頻帶上，並採用數位跳頻的展頻技術，最大傳輸速率可達2Mbps，有效傳輸距離50公尺。

CHAPTER

7

7-4-4 RFID

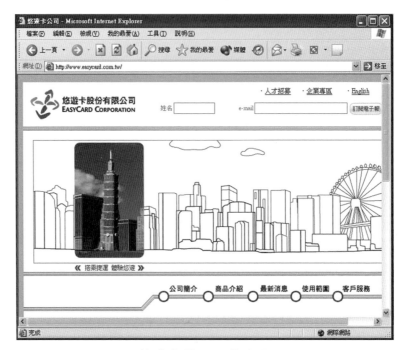

悠遊卡是RFID的應用

http://www.easycard.com.tw/

　　無線射頻辨識技術（radio frequency identification, RFID），就是一種非接觸式自動識別系統，可以利用射頻訊號以無線方式傳送及接收數據資料。RFID是一種內建無線電技術的晶片，主要是包括詢答器（Transponder）與讀取機（Reader）兩種裝置。

　　一般在所出售的物品貼上晶片標籤，每個標籤都會發射出獨特的ID碼，然後提供充足的產品資訊，並通過晶片中讀卡機系統來偵測，然後讀出標籤中所存的資料，並送到後端的資料庫系統來提供資訊查詢或物品辨別的功能。目前已有愈來愈多的企業開始使用RFID技術，未來在RFID與

手機整合的技術更加成熟後，將可為消費者帶來更便利的行動生活，讓資訊與商品的取得更具即時性與互動性。例如台北市民所使用的悠遊卡，或者是加中寵物所植入的晶片、醫療院所應用在病患感測及居家照護、航空包裹及行李的識別、出入的門禁管制等，甚至於目前十分流行的物聯物，RFID技術都在其中扮演重要的角色。

7-4-5 NFC

　　NFC（Near Field Communication，近場通訊）是由Philips、Nokia與Sony共同研發的一種短距離非接觸式通訊技術，又稱近距離無線通訊，最簡單的應用是只要讓兩個NFC裝置相互靠近，就可開始啟動NFC功能，接著迅速將內容分享給其他相容於NFC行動裝置。

　　RFID與NFC都是新興的短距離無線通訊技術，RFID是一種較長距離的射頻識別技術，主打射頻辨識，可應用在物品的辨識上。NFC則是一種較短距離的高頻無線通訊技術，屬於非接觸式點對點資料傳輸，可應用在行動裝置市場，以13.56MHz頻率範圍運作，一般操作距離可達10～20公分，資料交換速率可達424kb/s，因此成為行動交易、服務接收工具的最佳解決方案。例如下載音樂、影片、圖片互傳、購買物品、交換名片、下載折價券和交換通訊錄等。

7-5 物聯網

　　現代人的生活正逐漸進入一個始終連接（Always Connect）網路的世代，物聯網的快速成長，快速帶動不同產業發展，除了資料與數據收集分析外，也可以回饋進行各種控制，這對於未來電子商務的便利性將有極大的影響。物聯網（Internet of Things, IOT）是近年資訊產業中一個非常熱門的議題，被認為是網際網路興起後足以改變世界的第三次資訊新浪潮。它的特性是將各種具裝置感測設備的物品，例如RFID、環境感測器、全

球定位系統（GPS）雷射掃描器等裝置與網際網路結合起來而形成的一個
巨大網路系統，並透過網路技術讓各種實體物件、自動化裝置彼此溝通和
交換資訊。物聯網把新一代IT技術充分運用在各行各業之中，牽涉到的軟
體、硬體之間的整合層面十分廣泛，可以包括如醫療照護、公共安全、環
境保護、政府工作、平安家居、空氣汙染監測、土石流監測等領域。

國內最具競爭力的台積電公司把物聯網視為未來發展重心

7-5-1 物聯網的架構

　　物聯網的運作機制實際用途來看，在概念上可分成3層架構，由底層
至上層分別為感知層、網路層與應用層：

■感知層：感知層主要是作為識別、感測與控制物聯網末端物體的各種狀
　態，對不同的場景進行感知與監控，主要可分為感測技術與辨識技術，
　包括使用各式有線或是無線感測器及如何建構感測網路，然後再透過感
　測網路將資訊蒐集並傳遞至網路層。

CHAPTER

7

- 網路層：則是如何利用現有無線或是有線網路來有效的傳送收集到的數據傳遞至應用層，並將感知層收集到的資料傳輸至雲端，並建構無線通訊網路。

- 應用層：則是結合各種資料分析技術，來回饋並控制感應器或是控制器的調節等，以及子系統重新整合，來滿足物聯網與不同行業間的專業進行技術融合，涵蓋到應用領域從環境監測、無線感測網路（Wireless Sensor Network, WSN）、能源管理、醫療照護（Health Care）、家庭控制與自動化與智慧電網（Smart Grid）等。

物聯網的架構式意圖

圖片來源：https://www.ithome.com.tw/news/90461

7-5-2 物聯網與行動商務

　　物聯網（IoT）與快速成長的行動商務領域比較，已經找到它的利基市場並開始獲利，現在的網路科技逐漸延伸到各個生活中的電子產品上，隨著業者端出愈來愈多的解決方案，物聯網概念將為全球消費市場帶來新衝擊，例如物聯網提供了遠距醫療系統發展的基礎技術，醫療裝置可自動追蹤患者的生命跡象以及發現有否遵從疾病治療情況。當有患者生病時，透過智慧型手機或特定終端測量設備，對於各種發病症狀，醫院的系統中會自動進行比對與分析，提出初步解決方案以避免病症加重。物聯網是一個技術革命，代表著未來資訊技術在運算與溝通上的演進趨勢，在這個龐大且快速成長的網路在演進的過程中，物件具備與其他物件彼此直接進行交流，無需任何人為操控，物聯網可搜集到更豐富的資料，還可直接提供了智慧化識別與管理。物聯網最常見的行動商務應用，就是智慧場域行銷，透過手機定位技術，把消費者限制在某個場域裡，無論在捷運、餐廳、夜市、商圈、演唱會等場域，都可能收到量身訂做的專屬行銷訊息，幫助店家的業績大幅提升。

本章習題

1. 請說明行動商務的定義。
2. 請簡述無線區域網路標準。
3. 請舉出常見的無線網路的類型。
4. 何謂所謂「熱點」（Hotspot）？
5. 試簡述「頻帶」（Band）的意義。
6. 何謂行動資訊服務？
7. 請簡述GSM的優缺點。
8. 請簡介LTE。

9. 何謂App？試簡述之。

10. 什麼是App Store？

11. 試簡單說明QR碼（Quick Response Code）。

12. 請問近場通訊（Near Field Communication, NFC）的功用為何？試簡述之。

13. 請簡單說明物聯網（Internet of Things, IOT）。

14. 何謂無線射頻辨識技術（radio frequency identification, RFID）？

15. 請描述穿戴式裝置未來的發展重點。

CHAPTER

7

第八章

電子商務與網路安全防範課題

　　隨著網路的盛行，除了帶給人們許多的方便外，也帶來許多安全上的問題，例如駭客、電腦病毒、網路竊聽、隱私權侵犯等。當我們可以輕易取得外界資訊的同時，相對地外界也可能進入電腦與網路系統中。在電子商務的發展過程中，各產業對網路技術的依賴也越來越深。

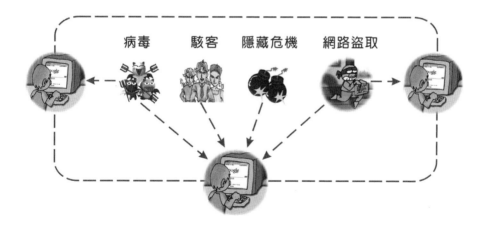

　　由於電子商務本身的開放性、全球性、方便性等特徵，也給電子商務帶來諸多的安全隱憂。在這種門戶大開的情形下，對於商業機密或個人隱私的安全性，都將岌岌可危。因此如何在網路安全的課題上，繼續努力與改善，將是本章討論的重點。

8-1 資訊安全簡介

　　網路已成爲我們日常生活不可或缺的一部分，使用電腦或行動裝置上網的機率也越趨頻繁，資訊可透過網路來互通共享，部分資訊可公開，但部分資訊屬機密，對於資訊安全而言，很難有一個十分嚴謹而明確的定義或標準。例如就個人使用者來說，只是代表在網際網路上瀏覽時，個人資料不被竊取或破壞，不過對於企業組織而言，可能就代表著進行電子商務交易時的安全考量與不法駭客的入侵等。何謂「資訊安全」（information security）？簡單來說，資訊安全的基本功能就是在達到資料被保護的三種特性（CIA）：機密性（Confidentiality）、完整性（Integrity）、可用性（Availability），進而達到如不可否認性（Non-repudiation）、身分認證（Authentication）與存取權限控制（Authority）等安全性目的。

　　國際標準制定機構英國標準協會（BSI）曾經於1995年提出BS 7799資訊安全管理系統，最新的一次修訂已於2005年完成，並經國際標準化組織（ISO）正式通過成爲ISO 27001資訊安全管理系統要求標準，爲目前國際公認最完整之資訊安全管理標準，可以幫助企業與機構在高度網路化的開放服務環境鑑別、管理和減少資訊所面臨的各種風險。至於資訊安

全所討論的項目，也可以分別從四個角度來討論，說明如下：

■實體安全：硬體建築物與週遭環境的安全與管制，例如對網路線路或電源線路的適當維護，包括預防電擊、淹水、火災等天然侵害。

■資料安全：確保資料的完整性與私密性，並預防非法入侵者的破壞與人為操作不當與疏忽，例如不定期做硬碟中的資料備份動作與存取控制。

■程式安全：維護軟體開發的效能、品管、除錯與合法性。例如提升程式寫作品質。

■系統安全：維護電腦與網路的正常運作，避免突然的硬體故障或儲存媒體損壞，導致資料流失，平日必須對使用者加以宣導及教育訓練。

資訊安全涵蓋的四大項目

8-2 認識網路安全

隨著網路技術與通訊科技不斷地推陳出新，無論是公營機關或私人企業，均有可能面臨資訊安全的衝擊，這些都視為含括在網路安全的領域中。從廣義的角度來看，網路安全所涉及的範圍包含軟體與硬體兩種層面，例如網路線的損壞、資料加密技術的問題、伺服器病毒感染與傳送資

料的完整性等。而如果從更實務面的角度來看，那麼網路安全所涵蓋的範圍，就包括了駭客問題、隱私權侵犯、網路交易安全、網路詐欺與電腦病毒等問題。

8-2-1 駭客攻擊

　　駭客（hacker）是專門侵入他人電腦，並且進行破壞的行為的人士，目的可能竊取機密資料或找出該系統防護的缺陷。多半的駭客是藉由Internet侵入對方主機，接著可能偷窺個人私密資料毀壞網路更改或刪除檔案、上傳或下載重要程式攻擊「網域名稱伺服器」（DNS）等。再加上隨著24小時寬頻上網（always-on）的普及，讓使用者隨時處於連線狀態，更製造了駭客入侵的可能機會，以下列出四種駭客攻擊的方式：

駭客攻擊方式	說明與介紹
癱瘓服務攻擊	利用程式編寫技巧，讓使用者在不知不覺中執行該程式，然後造成電腦系統或伺服器持續地執行某項工作，直到電腦資源耗用完畢為止。
郵件炸彈程式	利用此程式在短時間內，發送數百甚至數千封的郵件到特定使用者的信箱中，會造成使用者的信箱空間超過容量外，網路中的路由器也會造成擁塞或耗盡資源的現象。例如「I LOVE YOU」病毒與梅麗莎病毒，就是一種透過郵件收發程式中的通訊錄來轉寄大量郵件。
伺服器漏洞	另外一種網路安全的漏洞，就是伺服器軟體設計時的疏失，例如微軟公司曾針對Windows NT/2000/XP/2003發出最嚴重警訊，因為發現在視窗作業系統中的「ASN.1」（抽象語法符號）有嚴重瑕疵，ASN.1是控制電腦間共享檔案的技術，也可以運作內部的安全機制。透過這個漏洞有許多方式能夠入侵電腦、竊取或刪除任何檔案。因此微軟在官方網站上緊急提代碼「KB828028」的修補程序供用戶下載。

駭客攻擊方式	說明與介紹
特洛伊式木馬	通常會透過特殊管道進入使用者的電腦系統中，然後伺機執行如格式化磁碟、刪除檔案、竊取密碼等惡意行為，此種病毒模式多半是E-mail的附件檔。

Tips

零時差攻擊（Zero-day Attack）就是當系統或應用程式上被發現具有還未公開的漏洞，但是在使用者準備更新或修正前的時間點所進行的惡意攻擊行為，往往造成非常大的危害。

8-2-2 網路竊聽

由於在「分封交換網路」（Packet Switch）上，當封包從一個網路傳遞到另一個網路時，在所建立的網路連線路徑中，包含了私人網路區段（例如使用者電話線路、網站伺服器所在區域網路等）及公眾網路區段（例如ISP網路及所有Internet中的站台）。而資料在這些網路區段中進行傳輸時，大部分都是採取廣播方式來進行，因此有心竊聽者不但可能擷取網路上的封包進行分析（這類竊取程式稱為Sniffer），也可以直接在網路閘道口的路由器設個竊聽程式，來尋找例如IP位址、帳號、密碼、信用卡卡號等私密性質的內容，並利用這些進行系統的破壞或取得不法利益。

Tips

點擊欺騙（click fraud）是發佈者或者他的同伴對PPC（pay by per click，每次點擊付錢）的線上廣告進行惡意點擊，因而得到相關廣告費用。

社交工程陷阱（social engineering）是利用大眾的疏於防範的資訊安全攻擊方式，例如利用電子郵件誘騙使用者開啟檔案、圖片、工具軟體等，從合法用戶中套取用戶系統的祕密，例如用戶名單、用戶密碼、身分證號碼或其他機密資料等。

8-2-3 個人資料的濫用

隱私權是所有電子商務使用者最重視的部分，也是資訊安全應該維護的部分，不管是收送電子信件、瀏覽網頁或參與討論區等活動，其個人資料的處理和訊息傳遞過程，可能因為使用者疏失或他人惡意企圖而外洩，就會讓不法人士用來詐騙或由網路直接竊取財物。所以網站在收集客戶資料之前應該告知使用者，資料內容將如何被收集及如何進一步使用處理資訊，並且要求資料的隱密性與完整性。而目前最常用來追蹤使用者行為的方式，就是使用Cookie這樣的小型文字檔，Cookie的功能是幫助網站區別到訪者的身份，記錄並儲存到訪者的使用習慣或選擇等。例如各位在瀏覽網頁或存取網站上的資料時，可能輸入一些有關姓名、帳號、密碼、E-mail等個人資訊，並儲存於該網站中。當下次再度光臨此網站時，就不必要在輸入那些驗證的資訊。其實它的作用是透過瀏覽器在使用者電腦上記錄使用者瀏覽網頁的行為，網站經營者可以利用Cookies來了解到使用者的造訪記錄，例如造訪次數、瀏覽過的網頁、購買過哪些商品等，如果遇到不肖的業者，也可能造成個人資料的濫用。

或者有些較粗心的上網使用者往往會將帳號或密碼設定成類似的代號，或者以生日、身分證字號、有意義的英文單字等容易記憶的字串，來做為登入系統的驗證密碼，因此盜用密碼也是網路入侵者常用的手段之一。盜用密碼的方法除了可以利用「暴力式猜測工具」（Bruteforce tools）來進行類似字典方式的暴力對比，最後「猜」出正確的密碼，也能利用網路監聽方式來竊取封包內的私密資料（如帳號、密碼、信用卡資料等）。

基本上，要避免入侵者使用以上的方法來破解密碼，使用者本身必須提高警覺，除了定期更換密碼外，密碼最好使用英文或數字符號不規則夾雜的字串。另外系統管理者也要定期檢視，查看是否有不正常的連線請求或登入記錄，藉以找出可能出現侵入的漏洞。

> **Tips**
>
> 　　跨網站腳本攻擊（Cross-Site Scripting, XSS）是當網站讀取時，執行攻擊者提供的程式碼，例如製造一個惡意的URL連結（該網站本身具有XSS弱點），當使用者端的瀏覽器執行時，可用來竊取用戶的cookie，或者後門開啓或是密碼與個人資料之竊取，甚至於冒用使用者的身分。

8-2-4 網路釣魚

　　「網路釣魚」（Phishing）是phreak（偷接電話線的人）和fishing（釣魚）兩個字的組合，為一種新興的網路詐騙手法，主要是以電腦做為犯罪工具，利用偽造電子郵件與網站作為「誘餌」，輕則讓受害者不自覺洩漏私人資料，成為垃圾郵件業者的名單，重則電腦可能會被植入病毒（如木馬程式），造成系統毀損或重要資訊被竊。而最危險的情況則是誘騙受害者的銀行帳號密碼、信用卡號與身分證字號等個人機密資料，網路釣魚者再伺機盜領受害者的存款或盜刷信用卡。

「網路釣魚」詐騙方式，一般不需高竿的程式技巧與電腦知識，只要具備一般網頁的撰寫能力與詐騙腳本也可以變成釣魚駭客。刑事局就曾查獲國內一名十六歲的五專生，利用「網路釣魚」冒充「雅虎奇摩網站客服中心」名義，騙取會員的帳號、密碼資料。想要防範網路釣魚首要方法，必須能分辨網頁是否安全，一般而言有安全機制的網站網址通訊協定必須是https://，而不是http://。

8-3 漫談電腦病毒

「電腦病毒」（Computer Virus）就是一種具有對電腦內部應用程式或作業系統造成傷害的程式；可能會不斷複製自身的程式或破壞系統內部的資料，例如刪除資料檔案、移除程式或摧毀在硬碟中發現的任何東西。不過並非所有的病毒都會造成損壞，有些只是顯示令人討厭的訊息。例如電腦速度突然變慢，甚至經常莫名其妙的當機，或者螢幕上突然顯示亂碼，出現一些古怪的畫面與撥放奇怪的音樂聲。

8-3-1 病毒感染途徑

早期的病毒傳染途徑，通常是透過一些來路不明的磁片傳遞。不過由於網路的快速普及與發展，電腦病毒可以很輕易地透過網路連線來侵入使用者的電腦，以下列出目前常見的病毒感染途徑：

■ 隨意下載檔案

如果使用者透過FTP或其他方式將網頁中的含有病毒的程式碼下載到電腦中，就可能造成中毒的現象。甚至感染到位於區域網路內的其它電腦。

■ 透過電子郵件或附加檔案傳遞

有些病毒回藏身在某些廣告或外表花俏的電子郵件或附加檔案中，一旦各位開啓或預覽這些郵件，不但會使自己的電腦受到感染，還會主動將病毒寄送給通訊錄中的所有人，嚴重還會導致郵件伺服器當機。

■ 使用不明的儲存媒體

如果各位使用來入不明的儲存媒體（如磁片、光碟、MO片等），也會將病毒感染到使用者電腦中的檔案或程式。

■ 瀏覽有病毒的網頁

有些網頁設計者爲了在網頁上能製造出更精彩的動畫效果，而使用ActiveX或Java Applet技術，當您瀏覽有病毒的網頁時，這些潛伏在ActiveX或Java Applet元件中的病毒將會讀取、刪除或破壞檔案、進入隨機記憶體，甚至經由區域網路進入電腦的檔案儲存區。

8-3-2 電腦中毒徵兆

如何判斷您的電腦感染病毒呢？如果您的電腦出現以下症狀，可能就是不幸感染電腦病毒：

1	電腦速度突然變慢、停止回應、每隔幾分鐘重新啓動，甚至經常莫名其妙的當機。
2	螢幕上突然顯示亂碼，或出現一些古怪的畫面與撥放奇怪的音樂聲。
3	資料無故消失或破壞，或者按下電源按鈕後，發現整個螢幕呈現一片空白。
4	檔案的長度、日期異常或I/O動作改變等。
5	出現一些警告文字，告訴使用者即將格式化你的電腦，嚴重的還會將硬碟資料給殺掉或破壞掉整個硬碟。

8-3-3 常見電腦病毒種類

　　對於電腦病毒的分類，並沒有一個特定的標準，只不過會依發病的特徵、依附的宿主類型、傳染的方式、攻擊的對象等各種方式來加以區分，我們將病毒分類如下：

■ 開機型病毒

　　開機型病毒又稱「系統型病毒」，被認為是最惡毒的病毒之一，這類型的病毒會潛伏在硬碟的開機磁區，也就是硬碟的第0軌第1磁區，稱為「啟動磁區」（Boot Sector），此處儲存電腦開機時必須使用的開機記錄。當電腦開機時，該病毒會迅速把自己複製到記憶體裡，然後隱藏在那裡，如果硬碟或磁片使用時，伺機感染其它磁碟的開機磁區。知名的此類病毒有米開朗基羅、石頭、磁片殺手等。

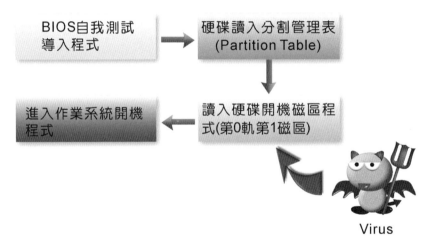

開機型病毒會在作業系統載入前先行進入記憶體

■ 巨集型病毒

巨集病毒的目的是感染特定型態的文件檔案，和其他病毒類型不同的是巨集病毒與作業系統無關，它不會感染程式或啟動磁區，而是透過其他應用程式的巨集語言來散播本身的病毒，例如Microsoft Word和Excel之類應用程式隨附的巨集。而且也很容易經由電子郵件附件檔、磁片、網站下載、檔案傳輸及合作應用程式散播，也是一種成長最迅速的病毒。巨集病毒可在不同時間（例如開啟、儲存、關閉或刪除檔案時）散播病毒。一般說來，只要具有撰寫巨集能力的軟體，都可能成為巨集病毒的感染對象。例如Taiwan.NO.1與美女拳病毒。

■ 檔案型病毒

「檔案型病毒」（File Infector Virus）早期通常寄生於可執行檔（如EXE或COM檔案）之中，不過隨著電腦技術的演進與語言新工具等的提出，使得檔案型病毒的種類也愈來愈趨多樣化，甚至連文件檔案也會感染病毒。當含有病毒的檔案被執行時，便侵入作業系統取得絕對控制權。一般會將檔案型病毒依傳染方式的不同，分為「長駐型病毒」（Memory Resident Virus）與「非長駐型病毒」（Non-memory Resident Virus）。別說明如下：

病毒名稱	說明與介紹
長駐型病毒	又稱一般檔案型病毒，當您執行了感染病毒的檔案，病毒就會進入記憶體中長駐，它可以取得系統的中斷控制，只要有其它的可執行檔被執行，它就會感染這些檔案；長駐型病毒通常會有一段潛伏期，利用系統的計時器等待適當時機發作並進行破壞行為，「黑色星期五」、「兩隻老虎」等都是屬於這類型的病毒。

病毒名稱	說明與介紹
非長駐型病毒	這類型的病毒在尚未執行程式之前，就會試圖去感染其它的檔案，由於一旦感染這種病毒，其它所有的檔案皆無一倖免，傳染的威力很強。

■ 混合型病毒

混合型病毒（Multi-Partite Virus）具有開機型病毒與檔案型病毒的特性，它一方面會感染其它的檔案，一方面也會傳染系統的記憶體與開機磁區，感染的途徑通常是執行了含有病毒的程式，當程式關閉後，病毒程式仍然長駐於記憶體中不出來，當其它的磁片與此台電腦有存取的動作時，病毒就會伺機感染磁片中的檔案與開機磁區。由於混合型病毒即可以依附檔案，又可以潛伏於開機磁區，其傳染性十分的強，「大榔頭」（HAMMER）、「翻轉」（Flip）病毒就屬於此類型的病毒。

■ 千面人病毒

「千面人病毒」（Polymorphic/Mutation Virus）正如它的名稱上所表明的，擁有不同的面貌，它每複製一次，所產生的病毒程式碼就會有所不同，因此對於那些使用病毒碼比對的防毒軟體來說，是頭號頭痛的人物，就像是帶著面具的病毒，例如Whale病毒、Flip病毒就是這類型的病毒。

■ 電腦蠕蟲

電腦蠕蟲是一種以網路為傳播媒介的病毒，例如區域網路、網際網路或e-mail等。目的是複製自己。有感染力的蠕蟲會以自己的複製分身充斥整個磁碟，也能擴散到網路上的許多架電腦，以複製分身塞滿整個系統。只要開啟或執行到帶有這種病毒的檔案，就會傳染給網路上的其它電腦，例如I Love You病毒等。最廣為人知的電腦蠕蟲之一名為Melissa，則是偽

裝成Word文件經由電子郵件傳送，並且利用Outlook程式癱瘓許多網際網路和公司的郵件伺服器。

■ 特洛伊木馬

特洛伊木馬是一種很惡毒的程式，此種病毒模式多半是E-mail的附件檔。首先程式會在使用者電腦系統中開啟一個「後門」（Backdoor），並且與遠端特定的伺服器進行連接，然後傳送使用者資訊給遠端的伺服器，或是主動開啟通訊連接埠。如此遠端的入侵者就能夠直接侵入到使用者電腦系統中，來進行瀏覽檔案、執行程式或其它的破壞行為。因為特洛伊木馬不會在受害者的磁碟上複製自己，所以在技術上它們不算病毒，但是也具殺傷力，所以被廣義認為是病毒。

■ 網路型病毒

利用Java及ActiveX設計一些足以影響電腦操作的程式在網頁之中，當人們瀏覽網頁時，便透過用戶端的瀏覽器去執行這個事先設計好的Java及ActiveX的破壞性程式，造成電腦上面的資源被消耗殆盡或當機。

■ 邏輯炸彈病毒

一般通常不會發作，只有在到達某一個條件或日期時，才會發作。

■ 殭屍網路病毒

基本上，特洛伊木馬程式通常只會攻擊特定目標，還有一種殭屍網路病毒程式，侵入方式與木馬程式雷同，不但會藉由網路來攻擊其他電腦，只要遇到主機或伺服器有漏洞，就會開始展開攻擊。當中毒的電腦愈來愈多時，就形成由放毒者所控制的殭屍網路。

▊ Autorun病毒

Autorun病毒屬於一種隨身碟病毒，也有人稱爲KAVO病毒，可以透過寫入autorun.inf讓病毒或木馬自動發作，會感染給所有插過這個隨身碟的設備，中毒之後可以讓系統無法開機，或者無法開啓隨身碟。如果隨身碟接上電腦後，各位使用滑鼠左鍵雙按隨身碟圖示沒有反應，就可能已經感染該病毒。

8-3-4 防毒基本措施

目前來說，並沒有百分之百可以防堵電腦病毒的方法，爲了防止受到病毒的侵害，我們在這邊提供一些基本的電腦病毒防範措施：

▊ 安裝防毒軟體

檢查病毒需要防毒軟體，主要功用就是針對系統中的所有檔案與磁區，或是外部磁碟片進行掃描的動作，以檢測每一個檔案或磁區是否有病毒的存在並清除它們。新型病毒幾乎每天隨時發佈，所以並沒有任何防毒軟體能提供絕對的保護。目前防毒軟體的市場也算是競爭激烈，各家防毒軟體公司爲了滿足使用者各方面的防毒需求，在介面設計與功能上其實都已經大同小異。

現在的防毒軟體也可以透過程式本身的線上即時更新功能來進行病毒碼的更新，防毒軟體可以透過網路連接上伺服器，並自行判斷有無更新版本的病毒碼，如果有的話就會自行下載、安裝。網路上也可以找到許多相當實用的免費軟體，例如AVG Anti-Virus Free Edition，其官方網址爲http://free.avg.com/，各位不妨連上該公司的網頁：

　　這套軟體除了免費版外，也提供商業版，但就防毒能力而言，免費版並不會比商業版來的差，不僅可以免費線上自動更新病毒碼版，而且占用的資源比起大多數防毒軟體還算少，不致於嚴重影響系統的執行效能，而且提供即時病毒防護及支援POP3郵件病毒防護，對想以較少成本，卻能對電腦病毒有基本防護的使用者而言，也是一項不錯的選擇。

■ 留意防毒網站資訊

　　在一些新病毒產生的時候，防毒軟體公司在還沒有提出新的病毒碼或解決方法之前，會先行在網站上公布病毒特徵、防治或中毒之後的後續處理方式，網站上通常也會有每日病毒公告。另外對於電腦中檔案和記憶體不正常異動也要經常留意。

■ 不隨意下載檔案或收發電子郵件

　　病毒程式可能藏身於一般程式或電子郵件中，使用者透過FTP或網頁將含有病毒的程式下載到電腦中，並且執行該程式，結果就會導致電腦系統感染病毒。有些電腦病毒會藏身於電子郵件的附加檔案中，並且使用聳動的標題來引誘使用者點選郵件與開啓附加檔案。例如Word文件檔，但實際上此份文件中卻是包含了「巨集病毒」。

■ 定期檔案備份

　　無論是再怎麼周全的病毒防護措施，總還是會有疏失的地方，因而導致病毒的侵入，所以保護資料最保險的方式，還是定期作好檔案備份的工作，檔案備份最好是將資料儲存於其它的可移動式儲存媒介中。

8-4 認識資料加密

　　從古到今不論是軍事、商業或個人爲了防止重要資料被竊取，除了會在放置資料的地方安裝保護裝置或過程外，還會對資料內容進行加密，以防止其它人在突破保護裝置或過程後，就可眞正得知眞正資料內容。尤其當在網路上傳遞資料封包時，更擔負著可能被擷取與竊聽的風險，因此最好先對資料進行「加密」（encrypt）的處理。

8-4-1 加密與解密

　　「加密」最簡單的意義就是將資料透過特殊演算法，將原本檔案轉換成無法辨識的字母或亂碼。因此加密資料即使被竊取，竊取者也無法直接將資料內容還原，這樣就能夠達到保護資料的目的。就專業的術語而言，加密前的資料稱爲「明文」（plaintext），經過加密處理過程的資料則稱爲「密文」（Cipher text）。

當加密後的資料傳送到目的地後,將密文還原成名文的過程就稱為「解密」(decrypt),而這種「加\解密」的機制則稱為「金鑰」(key),通常是金鑰的長度愈長愈無法破解,示意圖如下所示:

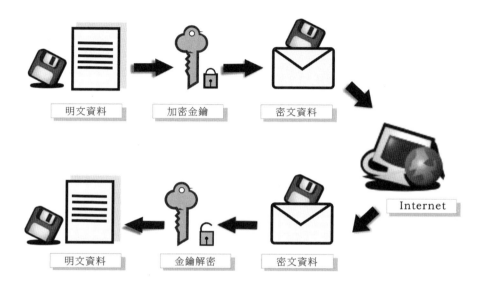

8-4-2 常用加密系統介紹

資料加/解密的目的是為了防止資料被竊取,以下將為各位介紹目前常用的加密系統:

■ 對稱性加密系統

「對稱性加密法」(Symmetrical key Encryption)又稱為「單一鍵值加密系統」(Single key Encryption)或「祕密金鑰系統」(Secret Key)。這種加密系統的運作方式,是發送端與接收端都擁有加/解密鑰匙,這個共同鑰匙稱為祕密鑰匙(secret key),它的運作方式則是傳送端將利用祕密鑰匙將明文加密成密文,而接收端則使用同一把祕密鑰匙將密文還原成明文,因此使用對稱性加密法不但可以為文件加密,也能達到

驗證發送者身份的功用。因為如果使用者B能用這一組密碼解開文件,那麼就能確定這份文件是由使用者A加密後傳送過去,如下圖所示:

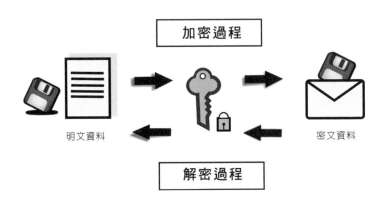

常見的對稱鍵值加密系統演算法有DES(Data Encryption Standard,資料加密標準)、Triple DES、IDEA(International Data Encryption Algorithm,國際資料加密演算法)等,對稱式加密法的優點是加解密速度快,所以適合長度較長與大量的資料,缺點則是較不容易管理私密鑰匙。

■ 非對稱性加密系統

「非對稱性加密系統」是目前較為普遍,也是金融界應用上最安全的加密系統,或稱為「雙鍵加密系統」(Double key Encryption)。它的運作方式是使用兩把不同的「公開鑰匙」(public key)與「祕密鑰匙」(Private key)來進行加解密動作。「公開鑰匙」可在網路上自由流傳公開作為加密,只有使用私人鑰匙才能解密,「私密鑰匙」則是由私人妥為保管。例如使用者A要傳送一份新的文件給使用者B,使用者A會利用使用者B的公開金鑰來加密,並將密文傳送給使用者B。當使用者B收到密文後,再利用自己的私密金鑰解密。過程如下圖所示:

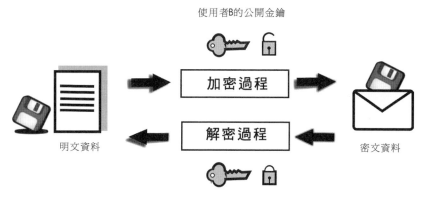

使用者B的公開金鑰

加密過程

明文資料

解密過程

密文資料

使用者B的私密金鑰

　　例如各位可以將公開金鑰告知網友，讓他們可以利用此金鑰加密信件給您，一旦收到此信後，在利用自己的私密金鑰解密即可，通常用於長度較短的訊息加密上。「非對稱性加密法」的最大優點是密碼的安全性更高且管理容易，缺點是運算複雜、速度較慢，另外就是必須借重「憑證管理中心」（CA）來簽發公開金鑰。

　　目前普遍使用的「非對稱性加密法」為RSA加密法，它是由Rivest、Shamir及Adleman所發明。RSA加解密速度比「對稱式加解密法」來得慢，是利用兩個質數作為加密與解密的兩個鑰匙，鑰匙的長度約在 40 個位元到 1024 位元間。公開鑰匙是用來加密，只有使用私人鑰匙才可以解密，要破解以 RSA 加密的資料，在一定時間內是幾乎不可能，所以是一種十分安全的加解密演算法。

■ 憑證管理中心（CA）

　　憑證管理中心（CA）是為了確認使用者身分並確保其公開金鑰及數位簽章的真實性，以支援及強化驗證的效力，必須設立一個公信的第三者，主要負責憑證申請註冊、憑證簽發、廢止等管理服務。公開金鑰憑證猶如電子環境中之印鑑證明，CA須以私密金鑰對該憑證簽字。

國內知名的憑證管理中心如下：

政府憑證管理中心：http://www.pki.gov.tw

網際威信：http://www.hitrust.com.tw/

8-4-3 數位簽章

在日常生活中，簽名或蓋章往往是個人對某些承諾或文件署名的負責，而在網路世界中，所謂「數位簽章」（Digital Signature）就是屬於個人的一種「數位身分證」，可以來做為對資料發送的身份進行辨別。「數位簽章」的運作方式是以公開金鑰及雜湊函數互相搭配使用，使用者A先將明文的M以雜湊函數計算出雜湊值H，接著再用自己的私有鑰匙對雜湊值H加密，加密後的內容即為「數位簽章」，最後再將明文與數位簽章一起發送給使用者B。由於這個數位簽章是以A的私有鑰匙加密，且該

私有鑰匙只有A才有，因此該數位簽章可以代表A的身分。因此數位簽章機制具有發送者不可否認的特性，因此能夠用來確認文件發送者的身分，使其它人無法偽造此辨別身分。

Tips

「雜湊函數」是一種保護資料安全的方法，它能夠將資料進行運算，並且得到一個「雜湊值」，接著再將資料與雜湊值一併傳送。當接收方收到資料後，同樣會以雜湊函數對接收的資料內容進行運算，並且對產生的雜湊值與接收到的雜湊值兩者進行比對。如果兩者內容相同，那麼就能夠確認資料完整無誤。

各位想要使用數位簽章，當然第一步必須先向認證中心（CA）申請數位證書（Digital Certificate），它可用來證公開金鑰為某人所有及訊息發送者的不可否認性，而認證中心所核發的數位簽章則包含在電子證書上。通常每一家憑證管理中心（CA）的申請過程都不相同，只要各位跟著網頁上的指引步驟去做，即可完成。

8-5 認識防火牆

為了防止外來的入侵，現代企業在建構網路系統，通常會將「防火牆」（Firewall）建置納為必要考量因素。防火牆是由路由器、主機與伺服器等軟硬體組成，是一種用來控制網路存取的設備，可設置存取控制清單，並阻絕所有不允許放行的流量，並保護我們自己的網路環境不受來自另一個網路的攻擊，讓資訊安全防護體系達到嚇阻（deter）、偵測（detect）、延阻（delay）、禁制（deny）的目的。雖然防火牆是介於內部網路與外部網路之間，並保護內部網路不受外界不信任網路的威脅，但它並

CHAPTER

8

不是將外部的連線要求阻擋在外,因為如此一來便失去了連接到Internet
的目的了:

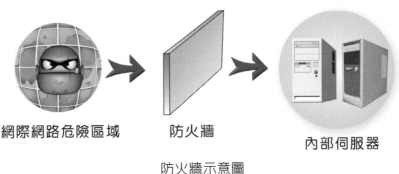

網際網路危險區域　　　防火牆　　　　　內部伺服器

防火牆示意圖

　　防火牆的運作原理是在內部區域網路(或伺服器)與網際網路之
間,建立起一道虛擬的防護牆來做為隔閡與保護功能。這道防護牆是將另
一些未經允許的封包阻擋於受保護的網路環境外,只有受到許可的封包
才得以進入防火牆內,例如阻擋如.com、.exe、.wsf、.tif、.jpg等檔案進
入,甚至於防火牆內也會使用入侵偵測系統來避免內部威脅,不過防火牆
和防毒軟體是不同性質的程式,無法達到防止電腦病毒與內部的人為不法
行為。事實上,目前即使一般的個人網站,也開始在自己的電腦中加裝防
火牆軟體,防火牆的觀念與作法也逐漸普遍。

　　簡單來說,防火牆就是介於您的電腦與網路之間,用以區隔電腦系統
與網路之用,它決定網路上的遠端使用者可以存取您電腦中的哪些服務,
一般依照防火牆在TCP/IP協定中的工作層次,主要可以區分為IP過濾型
防火牆與代理伺服器型防火牆。IP過濾型防火牆的工作層次在網路層,而
代理伺服器型的工作層次則在應用層。

8-5-1 IP過濾型防火牆

由於TCP/IP協定傳輸方式中，所有在網路上流通的資料都會被分割成較小的封包（packet），並使用一定的封包格式來發送。這其中包含了來源IP位置與目的IP位置。使用IP過濾型防火牆會檢查所有收到封包內的來源IP位置，並依照系統管理者事先設定好的規則加以過濾。

通常我們能從封包中內含的資訊來判斷封包的條件，再決定是否准予通過。例如傳送時間、來源/目的端的通訊連接埠號，來源/目的端的IP位址、使用的通訊協定等資訊，就是一種判斷資訊，這類防火牆的缺點是無法登陸來訪者的訊息。

8-5-2 代理伺服器型防火牆

「代理伺服器型」防火牆又稱爲「應用層閘道防火牆」（Application Gateway Firewall），它的安全性比封包過濾型來的高，但只適用於特定的網路服務存取，例如HTTP、FTP或是Telnet等。運作模式主要是讓網際網路中要求連線的客戶端與代理伺服器交談，然後代理伺服器依據網路安全政策來進行判斷，如果允許的連線請求封包，會間接傳送給防火牆背後的伺服器。接著伺服器再將回應訊息回傳給代理伺服器，並由代理伺服器轉送給原來的客戶端。也就是說，代理伺服器是客戶端與伺服端之間的一個中介服務者。

當代理伺服器收到客戶端A對某網站B的連線要求時，代理伺服器會先判斷該要求是否符合規則。若通過判斷，則伺服器便會去站台B將資料取回，並回傳客戶端A。這裡要提醒各位的是代理伺服器會重複所有連線的相關通訊，並登錄所有連線工作的資訊，這是與IP過濾型防火牆不同之處。

8-5-3 防火牆的漏洞

　　雖然防火牆可將具有機密或高敏感度性質的主機隱藏於內部網路，讓外部的主機將無法直接連線到這些主機上來存取或窺視這些資料，事實上，仍然有一些防護上的盲點。防火牆安全機制的漏洞如下：

1	防火牆必須開啓必要的通道來讓合法封包進出，因此入侵者當然也可以利用這些通道，配合伺服器軟體本身可能的漏洞侵入。
2	大量資料封包的流通都必須透過防火牆，必然降低網路的效能。
3	防火牆僅管制封包在內部網路與網際網路間的進出，因此入侵者也能利用偽造封包來騙過防火牆，達到入侵的目的。例如有些病毒FTP檔案方式入侵。
4	雖然保護了內部網路免於遭到竊取的威脅，但仍無法防止內賊對內部的侵害。

本章習題

1. 何謂「駭客」（hacker）？試舉例說明。

2. 請說明如何防止駭客入侵的方法，至少提供四點建議。

3. 請簡述伺服器漏洞的原因。

4. 何謂Cookie？

5. 請說明防火牆的運作原理。

6. 請簡述「加密」（encrypt）與「解密」（decrypt）。

7. 請簡述資料加密解密的方式，至少提出兩種。

8. 請說明「對稱性加密法」與「非對稱性加密法」間的差異性。

9. 請舉出防火牆的種類。

10. 目前防火牆的安全機制具哪些缺點？試簡述之。

11. 請問在Internet Explorer瀏覽器Cookie的設定視窗圖中，有標示第一方Cookie與第三方Cookie的文字，請說明兩者間的差異性。

12. 從廣義的角度來看，資訊安全所涉及的影響範圍包含軟體與硬體層面談起，共可以分為那四類？

13. 資訊安全所討論的項目，可以從哪四個角度來討論？

14. 常見的網路犯罪模式有哪些？

15. 常見的電腦病毒感染途徑有哪些？

16. 電腦被電腦病毒中毒的癥兆為何？

第九章

電商付款模式與交易安全機制

　　電子商務的交易流程都是由消費者、網路商店、金融單位與物流業者等四個組成單元，其中金流就是網站與顧客間有關金錢往來與交易的流通過程，簡單的說，就是有關電子商務中「付費」的處理流程，包含應收、應付、稅務、會計、匯款等。網路購物的消費型態是e時代的趨勢，它的方便性令入驚喜，但它的安全性也同樣令入擔憂，隨著交易通路與電子交易形式愈形複雜，雖然電子付款的方式較一般的傳統付款方式便捷，如何建立個人化與穩定安全的金流環境已成電子商務邁向成功的必要條件。

9-1 電商付費模式

　　數位產業分工細密的時代中，電子商務型態愈驅成熟，幾乎沒有任何商業網站是自行向消費者收款，而是與各金流單位策略合作，網路金流解決方案很多，沒有統一的模式，目前常見的方式可概分為「非線上付款」（Off Line）與「線上付款」（On Line）兩類。

> **Tips**
>
> 「電子資金移轉」（Electronic FundsTransfer, EFT）或稱爲電子轉帳，使用電腦及網路設備，通知或授權金融機構處理資金往來帳戶的移轉或調撥行爲。例如在電子商務的模式中，金融機構間之電子資金移轉（EFT）作業就是一種B2B模式。
>
> 「金融電子資料交換」（Financial Electronic Data Interchange, FEDI）是一種透過電子資料交換方式進行企業金融服務的作業介面，就是將EDI運用在金融領域，可作爲電子轉帳的建置及作業環境。

9-1-1 非線上付款

劃撥轉帳是早期電子商務常見的付款方式

　　首先我們來介紹非線上付款（Off Line）方式，包括有傳眞刷卡、劃撥轉帳、條碼超商代收（如ibon）、ATM轉帳、櫃台轉帳、貨到付款等。

■ **貨到付款**：由物流配送公司配送商品後代收貨款之付款方式，例如郵局代收貨款、便利商店取貨付款，或者有些宅配公司都有提供貨到付款服務，甚至也提供消費者貨到當場刷卡的服務。

貨到付款是相當普遍的付款方式

■**匯款、ATM轉帳**：特約商店將匯款或轉帳資訊提供給使用者，等使用
者利用提款卡在自動櫃員機（ATM）轉帳，或是到銀行進行轉帳付款
方式。

■ 超商代碼繳費

當消費者在網路上購買後會產生一組繳費代碼，只要取得代碼後，在
超商完成繳費就可立即取得服務。例如7-11的ibon或全家的family port。
ibon是**7-11**的一台機器，可以在上面列印優惠券、訂票、列印付款單據

等，你的電子信箱也會收到7-11超商ibon繳費代碼通知信，不過超商會額外一筆手續費。

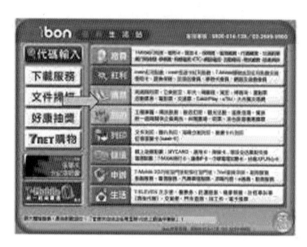

7-11的ibon系統主畫面

9-2 線上付款

「線上付款」（On Line）又稱為電子付款方式，電子付款是電子商務不可或缺的一個部分，就是利用數位訊號的傳遞來代替一般貨幣的流動，達到實際支付款項的目的。各位如果在國外，還可以透過paypal等有儲值功能的帳戶進行線上交易等。雖然電子付款的方式較一般的傳統付款方式便捷，如何建立個人化與穩定安全的金流環境，已成電子商務邁向更普及最迫切需要解決的問題。

Tips

　　PayPal是全球最大的線上金流系統與跨國線上交易平台，適用於全球203個國家，屬於ebay旗下的子公司，可以讓全世界的買家與賣家自由選擇購物款項的支付方式。各位如果常在國外購物的話，應該常常會看到PayPal付款，只要提供PayPal帳號即可，不但拉近買賣雙方的距離，也能省去不必要的交易步驟與麻煩，如果你有足夠的 PayPal 餘額，購物時所花費的款項將直接從餘額中扣除，或者PayPal 餘額不足的時候，還可以直接從信用卡扣付購物款項。

PayPal是全球最大的線上金流系統

9-2-1 線上刷卡

　　信用卡是發卡銀行提供持卡人一定信用額度的購物信用憑證，線上刷卡是利用網站提供刷卡機制付款。目前Visa與Master為全球接受率最高的信用卡，而JCB為則是日本占有率最高的信用卡，方便而快速的信用卡付款早已成為電子商務中消費者最愛使用的支付方式之一。消費者在網路上使用信用卡付款時，各位只需輸入卡號及基本資料，商店再將該資料送至信用卡收單銀行請求授權，只要經過許可，商店便可向銀行取得貨款。

▌ 虛擬信用卡

　　有別於傳統信用卡，虛擬信用卡本身並沒有一張實體卡片，只由發卡銀行提供消費者一組十六碼卡號與卡號有效期做為網路消費的支付工具，和實體信用卡最大的差別就在於虛擬信用卡發卡銀行會承擔虛擬信用卡可能被冒用的風險。虛擬信用卡的特性，是網路金融服務的延伸，並因應網路交易支付的工具，由於信用額度較低，只有2萬元上限，因此降低了線上交易的風險。不過也僅能在網路商城中購物，無法拿到實體店家消費，目前有富邦、世華、聯邦等銀行均推出虛擬信用卡。

CHAPTER

9

JCB組織將與玉山銀行共同發行全世界第一張JCB虛擬信用卡e Sun Card

9-2-2 電子現金

電子現金（e-Cash）又稱為數位現金，是模擬一般傳統現金付款方式的電子貨幣，相當於銀行所發行的現金，可將貨幣數值轉換成加密的數位資料，當消費者要使用電子現金付款時，必須先向網路銀行提領現金，使用時再將數位資料轉換為金額。電子現金只有在申購時需要先行開立帳戶，但是使用電子現金時則完全匿名，目前區分為智慧卡型電子現金與可在網路使用的電子錢包。

■ 智慧卡

智慧卡是一種附有IC晶片大小如同信用卡般的卡片，可將現金儲存在智慧卡中，使用者隨身攜帶以取代傳統的貨幣方式，如7-11發行的icash預付儲值卡及許多台北人上下班搭乘捷運所使用的悠遊卡。

■ 電子錢包

　　電子錢包則是電子商務活動中網上購物顧客常用的一種支付工具，是在小額購物時經常用使的新式錢包。交易雙方均設定電子給付系統，以達到付款收款的目的，消費者在網路購物前必須先安裝電子錢包軟體，接著消費者可以向發卡銀行申請使用這個電子錢包，除了能夠確認消費者與商家的身分，並將傳輸的資料加密外，還能記錄交易的內容。例如只要有Google帳號就可以申請Google Wallet 電子錢包並綁定信用卡或是金融卡，透過信用卡的綁定，就可以針對Google自家的服務進行消費付款，簡單方便又快速。

Google的電子錢包相當方便實用

9-2-3 WebATM

　　「WebATM」（網路ATM）就是把傳統實體ATM（自動提款機）搬到電腦上使用，就是一種晶片金融卡網路收單服務，不論是網路商家或實體店家皆可申請使用。除了提領現金之外，其他如轉帳、繳費（手機費、卡費、水電費、稅金、停車費、學費、社區管理費）、查詢餘額、繳稅、更改晶片卡密碼等。各位只要擁用任何一家銀行發出的「晶片金融卡」，插入一台「晶片讀卡機」，再連結電腦上網至網路ATM，就可立即轉帳支付消費款項。

中國信託網路ATM畫面

9-2-4 電子票據

　　電子票據就是以電子方式製成的票據，並且利用電子簽章取代筆或印章的實體簽名蓋章，包括電子支票、電子本票及電子匯票。例如電子支票模擬傳統支票，是電子銀行常用的一種電子支付工具，以電子簽章取代實體之簽名蓋章，設計的目的就是用來吸引不想使用現金而寧可採用個人和公司電子支票的消費者，在支付及兌現過程中需使用個人及銀行的數位憑證。

9-2-5 小額付款機制

　　根據資策會MIC的調查，目前上網最大族群是16到25歲的年輕人，這群擁有龐大消費潛力的消費族群卻可能因為年齡不足或收入條件，無法申請信用卡。因此許多電信業者與ISP都有提供小額付款（Micro Payment）

服務，使用者進行消費之後，只要輸入手機號碼與密碼，費用會列入下期帳單內收取，例如中華電信提供行動商務小額付款平台，利用行動電話之個人化及安全機制，提供「中華支付行動電話付款」服務。

Hinet小額付款網頁

9-2-6 第三方支付

近幾年來，網路交易已成經為現代商業交易的潮流及趨勢，交易金額及數量不斷上升，成長幅度已經遠大於實體店面，但是在電子商務交易中，一般銀行不會為小型網路商家與個人網拍賣家提供信用卡服務，因此無法直接在網路上付款，這些人往往是網路交易的大宗力量，為了更加提升交易效率，由具有實力及公信力的「第三方」設立公開平台，做為銀行、商家及消費者間的服務管道模式孕育而生。

第三方支付（Third-Party Payment）機制，就是在交易過程中，除了買賣雙方外，透過第三方來代收與代付金流，就可稱為第三方支付。例如

使用悠遊卡購買捷運車票或用iCash在7-11購買可樂，因為我們都沒有實際拿錢出來消費，店家也沒有直接向我們收錢，廣義上這些模式都可稱得上是第三方支付模式。例如一般民眾逛夜市吃小吃，如果第三方支付業者與小攤販合作，只要用智慧型手機掃描QR code，就能馬上扣款付帳。

在網路交易過程中，第三方支付機制建立了一個中立的支付平台，為買賣雙方提供款項的代收代付服務。當買方選購商品後，只要利用第三方支付平台提供的帳戶，進行貨款支付（包括有ATM付款、信用卡付款及儲值付款），當貨款支付後，由第三方支付平台通知賣家貨款到帳、要求進行發貨，買方在收到貨品及檢驗確認無誤後，通知可付款給賣家，第三方再將款項轉至賣家帳戶，從理論上來講，這樣的作法可以杜絕交易過程中可能的欺詐行為。

不同的購物網站，各自有不同的第三方支付的機制，美國很多網站會採用PayPal來當作第三方支付的機制，在中國最著名的淘寶網，採用的第三方支付為「支付寶」。「支付寶」是阿里巴巴集團也發展的一個第三方線上付款服務。申請了這項服務，就可以立即在中國大大小小的網路商城中購買商品，在淘寶網購物，都是需要透過支付寶才可付，也支援台灣的信用卡刷卡，是很便利的一種付費機制。各位只要把一筆錢匯到這個儲值的戶頭中，然後在下單付款的時候，選擇要支付的戶頭來扣款。

支付寶網頁有使用說明與操作方法

9-2-7 虛擬貨幣與NFT支付

　　各位是否聽過「虛擬貨幣」，或稱為「加密貨幣」（Cryptocurren-cy），也可以在電子商務中購買產品或服務的一種付款方式，例如在線上遊戲虛擬世界中，衍生出一些特殊的交易模式，例如虛擬貨幣、虛擬寶物等。這些商品都可以用實際貨幣來進行買賣兌換，更有人專門玩線上遊戲為生，目的在得到虛擬貨幣後再販賣給其它的玩家，各種虛擬貨幣已經成為一種金融資產，這反應出電子商務的經營模式絕對充滿著一種無限想像空間。目前愈來愈多商家開始透過穩定幣跨境交易後，近期全球最熱門的網路虛擬貨幣，如比特幣、以太坊（Ethereum）或萊特幣等，允許來自不同技術設備的購買付款流程具有更大的靈活性，更能讓虛擬貨幣持幣者可以到店家刷卡付款。

比特幣是目前最熱門的虛擬貨幣

比特幣就是一種不依靠特定貨幣機構發行的全球通用加密虛擬貨幣，比特幣是透過特定演算法大量計算產生的一種P2P模式虛擬貨幣，它不僅是一種資產，還是一種支付的方式。任何人都可以下載Bitcoin的錢包軟體，這像是一種虛擬的銀行帳戶，並以數位化方式儲存於雲端或是用戶的電腦。這個網路交易系統由一群網路用戶所構成，和傳統貨幣最大的不同是，比特幣沒有一個中央發行機構，你可以匿名在這個網路上進行轉賬和其他交易。目前已經有許多電商網站開始接受比特幣交易，甚至已提供包括美元、歐元、日圓、人民幣在內的17種貨幣交易。

Tips

　　P2P模式則是讓每個使用者都能提供資源給其他人，也就是由電腦間直接交換資料來進行資訊服務，P2P網路中每一節點所擁有的權利和義務是對等的。自己本身也能從其他連線使用者的電腦下載資源，以此構成一個龐大的網路系統。P2P模式具有資源運用最大化、直接動作和資源分享的潛力。

CHAPTER

9

　　隨著相當熱門的NFT出現，目前在藝術品、音樂、電子存證、身分認證等領域掀起熱潮，許多藝術品以NFT形式拍賣出售，也提供了創作者許多浮上檯面的機會。「非同質化代幣」（Non-Fungible Token, NFT）也是屬於數位加密貨幣的一種，是一個非常適合用來作為數位資產的憑證，代表是世界上獨一無二、無法用其他東西取代的物件，交易資訊皆被透明標誌記錄，也是一種以區塊鏈做為背景技術的虛擬資產，更是新一代科技人投資及獲利工具。每個NFT代幣可以代表一個獨特的數位資料，例如圖畫、音檔、影片等，和比特幣、以太幣或萊特幣等這些同質化代幣是完全不同，由於NFT擁有獨一無二的識別代碼，未來在電子商務領域，會有非常多的應用空間。例如2021年底，歐美最大的獨立電商平台Shopify，宣布與GigLabs合作，讓這些商家，能夠直接在Shopify平台上販賣，開啟了將NFT這樣的技術，帶進了電商產業的序幕。

> **Tips**
>
> 　　區塊鏈（blockchain）可以把它理解成是一個全民皆可參與的去中心化分散式資料庫與電子記帳本，一筆一筆的交易資料都可以被記錄，簡單來說，就是一種全新記帳方式，也將一連串的紀錄利用分散式賬本（Distributed Ledger）概念與去中心化的數位帳本來設計，能讓所有參與者的電腦一起記帳，可在商業網路中促進記錄交易與追蹤資產的程序，比特幣就是區塊鏈的第一個應用。

9-3 電子商務交易安全機制

　　目前電子商務的發展受到最大的考驗，就是線上交易安全性。如果消費者對於線上付款沒有安全感，就會造成消費者不輕易在網路上購買產品

或付款。為了改善消費者對網路購物安全的疑慮，建立消費者線上交易的信心，相關單位做了很多的購物安全原則建議，到目前為止，最被商家及消費者所接受的電子安全交易機制是SSL及SET兩種。首先我們來介紹目前最為普遍的「安全插槽層協定」（Secure Socket Layer, SSL）協定。

9-3-1 安全插槽層協定（SSL）／傳輸層安全協定（TLS）

　　SSL安全通道層是一種128位元傳輸加密的安全機制，由網景公司於1994年提出，是目前網路上十分流行的資料安全傳輸加密協定。不過必須注意的是，使用者的瀏覽器與伺服器都必須支援才能使用這項技術，目前最新的版本為SSL3.0，並使用128位元加密技術。由於128位元的加密演算法較為複雜，為避免處理時間過長，通常購物網站只會選擇幾個重要網頁設定SSL安全機制。當各位連結到具有SSL安全機制的網頁時，在瀏覽器下方的狀態列上會出現一個類似鎖頭的圖示，表示目前瀏覽器網頁與伺服器間的通訊資料均採用SSL安全機制：

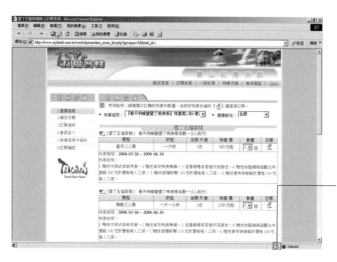

此圖示表示目前的網頁採用SSL安全機制

　　店家使用SSL的優點是消費者不需要經過任何認證程序，就能夠直接解決資料傳輸的安全問題，缺點則是當商家將資料內容還原準備向銀行請款時，這時候商家就會知道消費者的個人相關資料。不過如果商家心懷不軌，還是有可能讓資料外洩，或者被不肖的員工盜用消費者的信用卡在網路上買東西等問題。不過SSL協定並無法完全保障資料在傳送的過程中不會被擷取解密，還是可能遭有心人破解加密後的資料。

　　至於最新推出的「傳輸層安全協定」（Transport Layer Security, TLS）是由SSL 3.0版本爲基礎改良而來，會利用公開金鑰基礎結構與非對稱加密等技術來保護在網際網路上傳輸的資料，提供了比SSL協定更好的通訊安全性與可靠性，可以算是SSL安全機制的進階版。

9-3-2 安全電子交易協定（SET）

　　由於SSL並不是一個最安全的電子交易機制，爲了達到更安全的標準，於是由信用卡國際大廠VISA及MasterCard，於1996年共同制定並發表的「安全交易協定」（Secure Electronic Transaction, SET），並陸續獲得IBM、Microsoft、HP及Compaq等軟硬體大廠的支持，加上SET安全機制採用非對稱鍵值加密系統的編碼方式，並採用知名的RSA及DES演算法技術，讓傳輸於網路上的資料更具有安全性。SET機制的運作方式是消費者網路商家並無法直接在網際網路上進行單獨交易，雙方都必須在進行交易前，預先向「憑證管理中心」（CA）取得各自的SET數位認證資料。

　　當各位申請認證時，CA會核發一個信用卡的「數位簽章」（Digital Signature），消費者只要將此憑證安裝在電子錢包中，日後只要是使用此瀏覽器進行的網路交易，都視同是消費者的交易行爲。樣作法的優點是可將網路上顧客交易資訊分開傳送給網路商店及發卡銀行，商店不會知道顧客的卡號，而發卡銀行也不會知道顧客消費的交易內容，這些資料分別由信用卡組織提供的SET驗證管理中心負責傳遞資訊。使用SET交易機制固然安全上較爲無虞，不過還是有些手續麻煩的地方。例如消費者必須事先

申請數位簽章或安裝「電子錢包」軟體,而且所消費的購物網站也必須具有同樣的SET安全機制,才能達到上述保護的功效。

9-3-3 構物安全標章介紹

　　當各位進行線上交易與付款時,除了應該留意該網站是否有資料加密機制外,對於網站的信譽口碑更應該事前打探清楚。最好是選擇有實體商店或是已營運相當時間的商家,您可以從網路的新聞或入口網站找到相關資訊來幫助您了解該商家,或者建議您購物前最好先確認該商家是否經過評鑑合格,再進行消費。例如目前較具有公信力的網路安全評鑑機制介紹如下:

■ 優良電子商店標章

　　「優良電子商店」標章是台北市消費者電子商務協會(Secure Online Shopping Association, SOSA)所設立,SOSA審查委員會審核通過之業者,SOSA就會頒予「優良電子商店」標章,商家必須將標章張貼於網站上。當您在網站上看到「優良電子商店」標章時可以點選,瀏覽該商家的相關資訊,如下圖:

台北市消費者電子商務協會網址如下：

http://www.sosa.org.tw/

■ 資訊透明化電子商店年度信賴標章

　　經濟部商業司自90年起開始推廣資訊透明化的觀念，透過台北市消費者電子商務協會核發「資訊透明化電子商店信賴標章」，如果商家取得信賴標章，表示商家有在網站上告知消費者相關資訊，例如商品內容、付款機制、退換貨等資訊，符合網路商店資訊透明化原則。當點選網路商店上的「資訊透明化電子商店信賴標章」，就可以連結到經濟部商業司網路商業資源應用中心的網頁，顯示該商家的相關資訊，如下圖：

經濟部商業司網路商業資源應用中心網址：

http://www.ec.org.tw/

9-4 行動支付的熱潮

　　所謂「行動支付」（Mobile Payment），就是指消費者通過手持式行動裝置對所消費的商品或服務進行賬務支付的一種支付方式。自從金管會宣布開放金融機構申請辦理手機信用卡業務開始，正式宣告引爆全台「行動支付」的商機熱潮，成功地將各位手上的手機與錢包整合，真正出門不用帶錢包的時代來臨！就消費者而言，可以直接用手機刷卡、轉帳、優惠券使用，甚至用來搭乘交通工具，台灣開始進入行動支付時代。對於行動支付解決方案，目前主要是以NFC（近場通訊）、條碼支付與QR Code三種方式為主。

9-4-1 NFC行動支付

NFC（Near Field Communication，近場通訊）是由PHILIPS、NOKIA與SONY共同研發的一種短距離非接觸式通訊技術，可在您的手機與其他 NFC 裝置之間傳輸資訊。至於NFC最近會成為市場熱門話題，主要是因為其在行動支付中扮演重要的角色，NFC手機進行消費與支付已經是一個全球發展的趨勢。對於行動支付來說，只要您的手機具備NFC傳輸功能，就能向電信公司申請NFC信用卡專屬的SIM卡，再將NFC行動信用卡下載於您的數位錢包中，購物時透過手機感應刷卡，輕輕一嗶，結帳快速又安全。例如中華電信與悠遊卡公司聯名合作推出「Easy Hami」錢包App，只要具有中華電信門號之NFC SIM卡，即可透過Easy Hami手機錢包開啟悠遊電信卡功能，還可提供選擇不同優惠功能的卡片消費，輕鬆掌握一機多卡的便利性。

> **Tips**
>
> 　　Apple Pay是Apple的一種手機信用卡付款方式，只要使用該公司推出的iPhone或Apple Watch（iOS 9以上）相容的行動裝置，並將自己卡號輸入iPhone中的Wallet App，經過驗證手續完畢後，就可以使用Apple Pay來購物，還比傳統信用卡來得安全。

9-4-2 QR Code支付

　　在這QR碼被廣泛應用的時代，未來商品也將透過QR碼的結合行動支付應用。例如玉山銀與中國騰訊集團的「財付通」合作推出QR Code行動付款，陸客來台觀光時滑手機也能買台灣貨，只要下載QRCode的免費App，並完成身份認證與鍵入信用卡號後，此後不論使用任何廠牌的智慧型手機，**就可在特約商店以QR Code APP掃描讀取**台灣商品的方式再完成交易付款，也能人民幣直接付款，貨物直送大陸，開啟結合兩岸的行動支付與行動商務的交易模式，達到了「一機在手，即拍即付」的便利性。

　　南韓特易購（Tesco）的虛擬商店首次與三星合作，在地鐵內裝置了多面虛擬商店數位牆，當通勤族等車瀏覽架上商品時，只要利用他們的手機掃描選定商品下面的QR Code，就可以邊等車、邊購物，等宅配送貨到府即可。

透過Qr code可以邊等地鐵邊購物

CHAPTER

9

9-4-3 條碼支付

條碼支付近來也在世界各地掀起一陣旋風,各位不需要額外申請手機信用卡,同時支援Android系統、iOS系統,也不需額外申請SIM卡,免綁定電信業者,只要下載App後,以手機號碼或Email註冊,接著綁定手邊信用卡或是現金儲值,手機出示付款條碼給店員掃描,即可完成付款。條碼行動支付現在最廣泛被用在便利商店,不僅可接受現金、電子票證、信用卡,還與多家行動支付業者合作,目前有「GOMAJI」、「歐付寶」、「Pi行動錢包」、「街口支付」、「LINE Pay」及甫上線的「YAHOO超好付」等6款手機支付軟體。例如LINE Pay主要以網路店家為主,將近200個品牌都可以支付,而PChome Online(網路家庭)旗下的行動支付軟體「Pi行動錢包」,與台灣最大零售商7-11與中國信託銀行合作,可以利用「Pi行動錢包」在全台7-11完成行動支付,也可以用來支付台北市和宜蘭縣停車費。

Pi行動錢包,讓你輕鬆拍安心付

本章習題

1. 請說明貨到付款的方式。

2. 試簡述超商代碼繳費的流程。

3. 舉出三種線上交易的付款方式。

4. 何謂「電子錢包」（Electronic Wallet）？

5. 請說明使用SSL的優缺點。

6. 請說明SET與SSL的最大差異在何處？

7. 何謂線上付款（On Line）？

8. 請描述虛擬信用卡的特性。

9. 請簡述電子現金。

10. 何謂「WebATM」？試簡述之。

11. 如何申請NFC手機信用卡？試簡述之。

12. 試說明電子錢包的功能。

13. 何謂行動支付（Mobile Payment）？

14. 試簡述信任服務管理平台（Trusted Service Manager, TSM）機制。

15. 比特幣主要功用為何？

16. 何謂非同質化代幣（Non-Fungible Token, NFT）？

第十章

電商網站建置與成效評估

近年來全球吹起了網際網路的風潮,從電子商務網站到個人的個性化網頁,一瞬間幾乎所有的資訊都連上了網際網路。因此網頁架設已成為全民學習的浪潮。當然建置網站工具的種類也不斷地推陳出新,由HTML、CSS到炙手可熱的ASP(動態伺服器網頁)或ASP.NET,亦或是客戶端的JavaScript、Dreamweaver到伺服端的JSP等。

具有線上購物機制的商品網站　　IKEA的商城具有濃濃的家居風
http://www.momoshop.com.tw/main/ http://www.ikea.com/
Main.jsp

各位架設一個電子商務網站,除了幫公司開發了創新經營模式與建立通路之外,更是企業搭起行銷與溝通的管道。電子商務網站的功能關係到電子商務業務能否具體實現,也是企業電子商務實施與運作的關鍵環節,

不管是任何的企業或商家在建立電子商務網站前，一定要有適當的規劃與
評估。

10-1 電子商務網站的架設

　　要成功地導入電子商務必須有充足的準備，再依照規劃好的流程，
循序漸進完成目標。設置一個電子商務網站，僅是在網路世界占有一席之
地，得有完整的考量與規劃，才可能勝出。接下來我們將介紹電子商務系
統建置前的必須認識的準備工作。要成功地導入電子商務必須有充足的準
備，再依照規劃好的流程，循序漸進完成目標。接下來我們將介紹電子商
務系統建置前的必須認識的準備工作。電子商務網站開發流程也是需要依
照「系統開發生命週期模式」（System Development Life Cycle, SDLC）
來進行，各階段之重要工作包括：

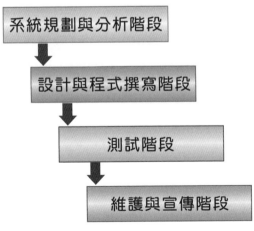

電子商務系統開發示意圖

10-1-1 系統規劃與分析階段

電子商務網站經營規劃涉及了網路人口成長、目標顧客、主要業務內容、相關技術之開發等，首先必須依據企業的策略與目標及整體市場分析來規劃出電子商務網站需求，再依照需求設計出網站如何支援企業與組織目標、子系統規劃、資源分配及執行排程等，其中目標是網站建立的第一要務，決定了網站的經營與獲利模式。

電子商務網站的架構，主要是由伺服器端的網站以及客戶端的瀏覽器兩個部分來組成；伺服器網站主要提供資訊服務，而客戶端瀏覽器則是向網站提出瀏覽資訊的要求。製作電子商務網站的第一步，最好能夠先確認網站的定位與需求，明確定義出網站的目標，以免浪費時間與成本。

當瀏覽者連線到網站時，一定要有個頁面來作為瀏覽者最先看到畫面，接著再利用此頁面中的超連結來繼續瀏覽其他網頁畫面，這個瀏覽者最先看到網頁稱為首頁（Homepage）例如首頁可以視為是店面門面的所在，因此企業網站必需針對企業的識別（Logo）、形象（Image）進行整體配置（Layout），特別是商品陳列設計的優劣也會影響消費者的印象及購買意願。

讓人眼睛為之一亮的月眉育樂世界網頁

http://www.yamay.com.tw/index.asp

　　隨著網頁效果的技術一日千里，單純的文字及圖片已經無法滿足設計及瀏覽者的需求，加上背景音樂、動畫、JavaScript等多媒體互動式特效是目前網頁設計的主流，想呈現什麼樣的網站，是製作網站的首要重點，接下來各位可以選用熟悉的影像編輯軟體來編排網頁版面，像是PhotoImpact程式，本身有很多功能是專為網頁設計所量身訂做的，且編排完成的畫面也能轉存成網頁形式，又能包含各種的動態效果，是製作網頁元件的好幫手。而且以PhotoImpact完成的網頁檔也能和Dreamweaver整合在一起，對於業餘的網頁設計師來說，要設計網頁元件或編排網頁，PhotoImpact確確實實是個好幫手。

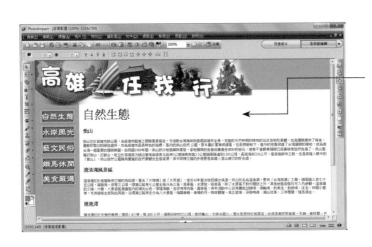

PhotoImpact程式是網頁設計的好幫手，網頁元件的編排組合這裡都可以快速完成

　　Adobe Photoshop程式則是很多專業的網頁設計師所愛用，網頁設計師為了提供給客戶最滿意及最好的服務，通常都會設計多個版面讓客戶做選擇，以便與客戶溝通。而Photoshop的「圖層構圖」功能就能讓設計師針對頁面編排做多種構圖，不但能在單一檔案中，建立和檢視多種形式的版面，設計師不需要個別的為每一版面另存檔名，在管理檔案上也比較清楚易辨。

　　由於網站也算是商品的一種，網路資源的超連結及無遠弗屆的特色，企業不再侷限於某一特定族群而已，要怎麼讓網站具有高點閱率就是在設計之前的規劃重點。我們可以先針對「網站主題」及「客戶族群」多與客戶及團隊成員討論，必定可以讓這個網站更加的成功。如下圖是麗寶樂園的園區導覽地圖，精緻細膩的地圖，加上可以動態移動滑鼠或點選景點，就能夠吸引瀏覽者點閱的慾望：

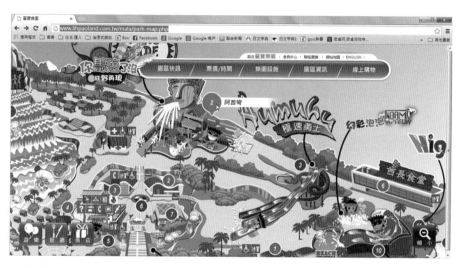

麗寶樂園網址：http://www.lihpaoland.com.tw/mala/park-map.php

　　版面設計上建議不妨到同類型的各大熱門網站參觀，了解目前的流行趨勢外，對於夠炫、夠酷的設計方式，不管是版面編排、色彩搭配、元件設計等，也可多方參考，刺激出好的網頁設計風格。尤其是首頁（Home Page）與到達頁（Landing Page），通常店家都會用盡心思來設計和編排，首頁的畫面效果若是精緻細膩，瀏覽者就有更有意願進去了解。

Tips

　　網路上每則廣告都需要指定最終到達的網頁，到達頁（Landing Page）就是使用者按下廣告後到直接到達的網頁，到達頁和首頁最大的不同，就是到達頁只有一個頁面就要完成讓訪客馬上吸睛的任務，通常這個頁面是以誘人的文案請求訪客完成購買或登記。

10-1-2 設計與程式撰寫階段──UI/UX

　　由於網站規模可大可小，例如較大商務網站可能包含數個產品主題，建議各位在開始時，最好先以一個產品主題為限，然後再慢慢擴增，結合其他主題而成為較有規模的網站，這樣做起來會比較得心應手。當資料收集到一定的程度後，就可以開始規劃網站的組織架構，以便了解整個網站的全貌。此階段寧可多花些時間在草圖的繪製與模擬上，以免考慮不周，屆時要修改就得大費周章。而透過網站架構圖，各位也可以清楚看到主從的關係。

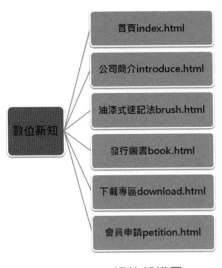

網站架構圖

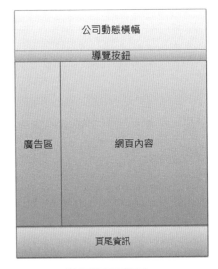

網頁版面草圖

榮欽科技油漆式產品商務網站

　　接著依據規劃分析的結果設計各項功能系統的程式碼，包括程式撰寫前的準備程序、相關軟硬體架構、網頁語言與伺服器選擇、資料結構設計等，如果程式方面具備良好的結構化架構，可以大幅縮短本階段所花費時間。此外，在這個階段中的主要目的還是如何設計出讓用戶能簡單上手與高效操作的用戶介面式設計的重點，因此近來對於UI/UX話題重視的討論大幅提升，畢竟電子商務網站UI/UX設計的結果正成為顧客吸睛的主要核心感覺。

　　所謂UI（User Interface，使用者介面）是一種人們真正會使用的部分，它算是一個工具，用來和電腦做溝通，以便讓瀏覽者輕鬆取得網頁上的內容。瀏覽者在利用UI介面取得網站資訊的過程中，所產生的經驗與感受則是UX（User Experience，使用者體驗）。UX的範圍則不僅關注介面設計，更包括所有會影響使用體驗的所有細節，包括視覺風格、程式效能、正常運作、動線操作、互動設計、色彩、圖形、心理等。

　　例如電商網站設計首重購物與結帳的流暢度，搭配精湛的UI/UX設計視覺，讓消費者一眼就愛上你的商品。真正的UX是建構在使用者的需求之上，是使用者操作過程當中的感覺，主要考量點是「產品用起來的感覺」，目標是要定義出互動模型、操作流程和詳細UI規格。例如視覺風格的時尚感更能增加使用者的黏著度，近年來特別受到扁平化設計風格的影響，極簡的設計本身並不是設計的真正目的，因為乾淨明亮的介面往往更吸引用戶，讓使用者的注意力可以集中在介面的核心訊息上。

Dribble社群網站有許多目前最新潮的網站設計成果

10-1-3 測試階段

　　本階段工作著重於每一個網站程式內部邏輯、輸出資料是否正確與整合後所有程式能否滿足系統需求，測試各個子系統無誤後，再進行系統的整合測試，其中高峰的壓力測試及網路安全性測試必須特別重視。編排組合完成的網頁難免有遺漏或疏忽之處，因此完成的內容一定要仔細地校對。段落文章要詳加閱讀，特別注意文句的通順性、人名、聯絡方式、中英文錯別字、英文大小寫、文法錯誤、超連結是否連結到指定的位置等，都要逐一檢查校對，最好能事先列一份檢測清單，再依序檢測內容，這樣才不會有漏網之魚，否則錯誤百出可是會貽笑大方。

10-1-4 維護與宣傳階段

　　本階段工作著重於對所有軟體配置做有效管理，並對隨時變動與企業的可能需求，進行電子商務系統修改或擴充，務必使網站各方面都達到最佳狀態，特別是後端系統必需提供相關的會員管理功能，並且可以善用這些資料進行相關的買賣行為分析。在本機複本上完成所有的檢測動作後，接下來準備上傳檔案至伺服器，正式將網站發佈出去。上傳後仍需再次做檢測的工作，以確定網站的顯示正常。

　　網路上誰的產品能見度高、消費者容易買得到，市占率自然就高，定期對網站做內容維護及資料更新，是維持網站競爭力的不二法門。我們可定期或是在特定節日時，改變頁面的風格樣式，這樣可以持續為網站帶給瀏覽者的新鮮感。而資料更新就是要隨時注意的部分，避免商品在市面上已流通了一段時間，但網站上的資料卻還是舊資料的狀況發生。

　　好的廣告及行銷手法可以增進商品的市場占有率，各位可以到各大搜尋引擎登錄網址，好讓瀏覽者輸入搜尋文字時，可以看到我們的網站名稱。在各位提交網站資訊給入口網站或搜尋引擎後，過些時候可以檢查一下網站在分類中的排名，如果很後面，那就要考慮更換你的Meta標籤，找到適合網站的定位，才可能增加搜尋的排名順序和被點閱率。除此之外，和其他網站交換連結也是個不錯的方式，如果公司有編列廣告預算的話，那麼在各大入口網站放置廣告圖片，也是一個最直接的行銷手法。

觸電網是一個相當知名的電影情報入口網站

10-2 電子商務架站方式

網站製作完成之後，首要工作就是幫網站找個家，也就是俗稱的「網頁空間」。常見的架站方式主要有虛擬主機、主機代管與自行架設等三種方式：

10-2-1 虛擬主機

「虛擬主機」（Virtual Hosting）是網路業者將一台伺服器分割模擬成為很多台的「虛擬」主機，讓很多個客戶共同分享使用，平均分攤成本，也就是請網路業者代管網站的意思，對使用者來說，就可以省去架設及管理主機的麻煩。

　　網站業者會提供給每個客戶一個網址、帳號及密碼，讓使用者把網頁檔案透過FTP軟體傳送到虛擬主機上，如此世界各地的網友只要連上網址，就可以看到網站了。一般而言，ISP所提供的網路設備與環境會比較完善，使用者不需自己去購置網路設備，也可以避免錯誤投資造成損失的風險。租用虛擬主機的優缺點如下：

優點：可節省主機架設與維護的成本、不必擔心網路安全問題，可使用自己的網域名稱（Domain Name）。

缺點：有些ISP業者會有網路流量及頻寬限制，隨著主機系統不同能支援的功能（如ASP、PHP、CGI）也不盡相同。

這個網站提供了虛擬主機服務

http://www.nss.com.tw/index.php

10-2-2 主機代管

　　主機代管（Co-location）是企業需要自行購置網路主機，又稱為網路設備代管服務，乃是使用ISP公司的資料中心機房放置企業的網路設備，

每月支付一筆費用，也使用ISP公司的網路系統來架設網站。中華電信就有提供標準電信機房空間供企業或個人置放Web伺服器，並經HiNet連接至Internet之服務。

優點：系統自主權較高，降低硬體投資成本，省去興建機房、申請數據線路等費用。

缺點：主機的管理者必須從遠端連線進入伺服器做管理，管理上較不方便。

10-2-3 自行架設

對一般中小企業來說，想要自己架設網頁伺服器，並不容易，必須要有軟硬體設備以及固定IP，以及具有網路管理專業知識的從業人員。但是大型企業在商業機密的考量下，通常願意投入資源與人力來架設與管理電子商務網站。

優點：容量大、功能沒有限制，完全自主，易於管理與維護，也能配合企業目標。

缺點：必須自行安裝與維護硬體及軟體、加強防火牆等安全設定，需配置專業人員，成本也最高。

以下是三種方式的評估與分析表：

項目	架設伺服器	虛擬主機	申請網站空間
建置成本	最高 （包含主機設備、軟體費用、線路頻寬和管理人員等多項成本）	中等 （只需負擔資料維護及更新的相關成本）	最低 （只需負擔資料維護及更新的相關成本）
獨立IP及網址	可以	可以	附屬網址 （可申請轉址服務）
頻寬速度	最高	視申請的虛擬主機等級而定	最慢
資料管理的方便性	最方便	中等	中等
網站的功能性	最完備	視申請的虛擬主機等級而定，等級愈高的功能性愈強，但費用也愈高	最少
網站空間	沒有限制	也是視申請的虛擬主機等級而定	最少
使用線上刷卡機制	可以	可以	無
適用客戶	公司	公司	個人

CHAPTER

10

10-3 網站開發工具簡介

　　電子商務網站已是網際網路的重要應用領域之一，開發電子商務網站需要許多開發工具的支援，開始開發網站之前，最重要的事就是準備好自己的環境，安裝適合的開發工具和軟體將可以讓自己事半功倍，在此我們要來介紹一些常見的工具。

10-3-1 靜態網頁與動態網頁

　　一般來說，網頁又可區分為「靜態網頁」與「動態網頁」。靜態網頁是指單純使用HTML語法構成的網頁，最常見的檔名為.HTM或.HTML。動態網頁又可依執行程式的位置區分為「客戶端處理」與「伺服器端處理」兩種。

　　客戶端處理的動態網頁是HTML語法加入JavaScript與VBScript語法，能夠讓網頁產生一些多媒體效果，例如：隨著滑鼠游標移動的圖片、捲動的文字訊息、隨著時間更換圖片等，讓網頁更活潑生動，客戶端處理的動態網頁顧名思義程式是在使用者電腦進行處理。

　　伺服器端處理的動態網頁通常是指加入動態伺服器語言的網頁，常見的動態伺服器語言有ASP（Active Server Pages）、PHP（Hypertext Pre-processor）、JSP（Java Server Pages）等。其運作原理是當使用者向網頁伺服器要求瀏覽某個動態網頁時，網頁伺服器會先送到動態程式的引擎（例如：PHP Engine）進行處理，再將處理過的內容回傳給客戶端的瀏覽器，如下圖所示。

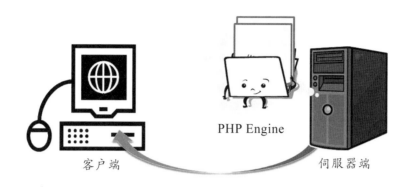

客戶端　　　　　　　　　　　　　　　伺服器端

　　這類型網頁最大的優點是能與使用者互動，並且能存取資料庫，將執行結果即時回應給使用者，網站維護時不需要重新製作網頁，只要更新資料庫中的內容就可以了，可節省網站維護的時間和成本，例如網頁上的購物車、留言板、討論區、會員系統等，都是屬於伺服器端處裡的動態網頁。

10-3-2 客戶端網頁語言

　　客戶端執行的網頁語言內嵌在HTML中，而包含這類客戶端執行程式的網頁副檔名同樣是.htm，當瀏覽器向伺服器要求開啓網頁時，伺服器會將整份網頁傳送至客戶端，由瀏覽器進行網頁程式解譯的動作，並且將結果呈現在瀏覽器視窗中，底下的圖示說明其中的結果：

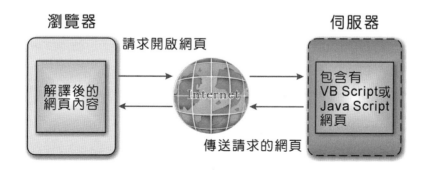

　　在客服端執行的網頁語言可在網頁中產生動態的效果，例如各類網頁特效，同時亦能夠於客戶端與伺服端兩者彼此之間做資料交換時，先行處理一些事前的準備動作。例如一般提供會員登錄功能的網頁，通常均會利用客戶端的Script提供輸入資料的檢核功能，當使用者輸入不正常的資料（如不合法的身分證字號），會員網頁登錄的動作將會失敗，相關的資料則無法被回傳至伺服器端進行處理。因為客戶端的Script語言，可以直接在瀏覽器這一端將一些工作處理掉，而不需要將所有的工作均回傳至伺服器端，如此可以降低伺服器的負擔並提升執行的效能，對於一些大型網站工作的分擔，提供很好的解決方案。

　　目前可以提供動態網頁的Script語言雖然能夠達到與使用者互動的目的，但是在功能上卻有非常大的限制，其中最大的缺陷在於其無法運用整合伺服器上的資源，最多只能算是單純的動態網頁，於客戶端瀏覽器進行動態效果，伺服器一旦將網頁送出之後，就無法再與其作溝通。也因此無法達到真正的互動行為，同時，基於安全上的考量，使用者亦無法透過客戶端Script進行各種伺服器的操作，伺服端網頁語言於是發展出來以解決相關的問題。

10-3-3 伺服端網頁語言

　　與客戶端語言相比，提供開啓網頁服務的一方稱作為「伺服端」。在伺服端執行的網頁語言，其特性是必須由伺服器中的解譯引擎來做解譯的動作，最後再將解譯後的結果傳送至客戶端，直接顯示於瀏覽器中。常見的伺服端語言有PHP、JSP、ASP與ASP.NET等。

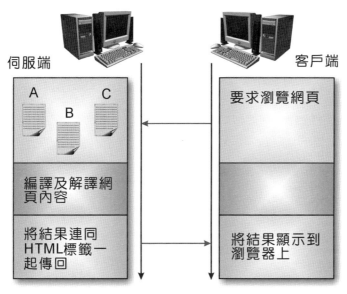

伺服端語言執行流程

　　上圖是伺服端語言的執行流程，假設客戶端向伺服端要求瀏覽一份帶有伺服端語言的ASP網頁，此時伺服端會先將ASP程式碼解譯，接著將解譯後的結果連同網頁的HTML標籤一起傳回給客戶端。事實上，由於伺服端網頁語言的出現，才真正實現讓使用者透過網路與網站進行溝通的目的。基本上，伺服端與客戶端語言在執行流程上有所不同，另外通常客戶端語言在控制瀏覽器或網頁上的各物件有著較出色的表現，而伺服端語言則著重於與伺服端之間的互動，例如資料庫的連結。可以使用於產生伺服端互動式動態網頁的技術有好幾種，比較著名的包含了CGI、微軟的ASP、新版的ASP.NET、JSP等。

10-3-4 超文字標記語言（HTML）/HTML5

　　HTML（Hypertext Markup Language）標記語言是一種純文字型態的檔案，它以一種標記的方式來告知瀏覽器以何種方式來將文字、圖像等

多媒體資料呈現於網頁之中。通常要撰寫網頁的HTML語法時,只要使用Windows預設的記事本就可以了,然後輸入下面的文字資料:

```
<Html>
 <Head>
  <Title>首頁</Title>
 </Head>
 <Body>
  <H1>歡迎來到我的網站</H1>
 </Body>
</Html>
```

接著在存檔時輸入(htm)副檔名,最後按二下直接開啓剛才所儲存的檔案,畫面內容如下:

歡迎來到我的網站

這個就是利用語法來設計網頁的方式,而這個語法稱爲「超文字標記語言,HyperText Markup Language」英文簡稱爲HTML,也因此網頁檔案的副檔名則爲htm、html、asp與aspx等。此外,也可以直接從瀏覽器視窗中來觀看網頁畫面的原始碼,請各位執行IE功能表中的「檢視/原始碼」,此時就會看到剛才輸入原始碼的畫面。

要了解HTML的基本結構,可以從二方面來著手。一種是語法的「對稱性」,另一種就是語法的「結構性」。分述如下:

CHAPTER
10

■ 語法對稱性

HTML屬於「對稱性」的語法，大部分語法都是成雙成對，「< >」的作用代表著裡面的英文字是一個HTML語法指令，「< >」內沒有加上「/」表示是語法開始，有加上「/」表示是語法結束。

如圖中的<Html>和</Html>就是一組語法，其他的依此類推。同時語法中並沒有區分英文字母的大小寫，而語法前面的空白也可以視個人的習慣決定是否加入，不過這裏建議各位最好還是利用空白鍵來區隔出程式碼的內容結構，這樣在檢查語法內容時會方便許多：

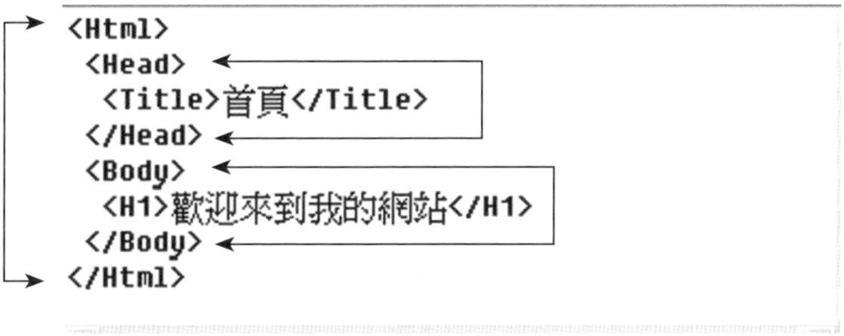

```
<Html>
 <Head>
  <Title>首頁</Title>
 </Head>
 <Body>
  <H1>歡迎來到我的網站</H1>
 </Body>
</Html>
```

■ 語法結構性

HTML語法的「結構性」則是指語法的擺放位置，這裡先列出前面所使用到的語法功能：

語法指令	用法
<Html>	在<Html>和</Html>之間輸入網頁畫面在設計時的所有語法文字。
<Head>	在<Head>和</Head>之間輸入與網頁畫面有關的設定文字（例如網頁的編碼方式）。
<Title>	在<Title>和</Title>之間輸入顯示在瀏覽器視窗左上角的標題文字，瀏覽器視窗畫面的標題文字（畫面上的首頁二字）是屬於設定文字而非內容文字，因為其內容不會顯示在視窗畫面中，故其語法不會被包含在<Body>和</Body>之間，而是被包含在<Head>和</Head>之中。
<Body>	在<Body>和</Body>之間輸入有關網頁畫面內容的語法文字。
<H1>	<H1>語法屬於文字格式的一種，也就是在<H1>和</H1>之間輸入要以<H1>文字格式來顯示的文字內容。

　　全球資訊網協會（W3C）於2009年發表了「第五代超文本標示語言」（HTML5）公開的工作草案，是HTML語法下一個的主要修訂版本。HTML5是基於既有HTML語法基礎再發展而成，並沒有捨棄HTML4的元素標籤，實際包括了HTML5.0、CSS3和JavaScript在內的一套技術組合，特別是在錯誤語法的處理上更加靈活，對於使用者來說，只要瀏覽軟體支援HTML5，就可以享受HTML5的特殊功能，而且開放規格統一了video語法，把影音播放部份交給各大瀏覽器互相競爭。

■ HTML5

　　透過HTML5的發展，將是網路上的影音播放、工具應用的新主流，雖然還不是正式的網頁格式標準，不過新增的功能除了可讓頁面原始語法更為精簡外，還能透過網頁語法來強化網頁控制元件和應用支援。以往HTML需要加裝外掛程式才能顯示的特效，目前都能直接透過瀏覽器開啟直接在網頁上提供互動式360度產品展現。

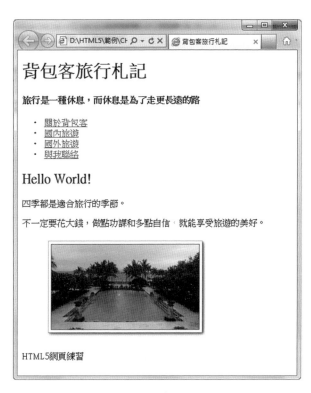

HTML5實作的網頁

隨著行動裝置的普及，會寫PC上瀏覽的網頁已經不夠，愈來愈多人想學習行動裝置網頁設計開發，HTML5也為了讓網頁程式設計者開發網頁設計應用程式，提供了多種的API供設計者使用，例如Web SQL Database讓設計者可以離線存取本地端（Client）的資料庫，當然要使用這些API，必須熟悉JavaScript語法！

10-3-5 CSS

CSS的全名是Cascading Style Sheets，一般稱之為串聯式樣式表，其作用主要是為了加強網頁上的排版效果（圖層也是CSS的應用之一），因為在網頁設計初期，由於HTML語法上的不足，使得網頁上的排版效果一

直無法達到令人滿意的境界。也因為這個原故,才會在HTML之後繼續開發CSS語法,它可用來定義HTML網頁上物件的大小、顏色、位置與間距,甚至是為文字、圖片加上陰影等等功能。

具體來說,CSS不但可以大幅簡化在網頁設計時對於頁面格式的語法文字,更提供了比HTML更為多樣化的語法效果。CSS最令人驚喜之處的就是文字方面的應用,除了文字性質之外,還可以藉由CSS來包裝或加強圖片或動態網頁的特效。例如使用HTML將背景加上圖片後,圖片只會自動重複填滿整個背景,如果使用CSS指令,則能直接控制水平或垂直的排列方式。

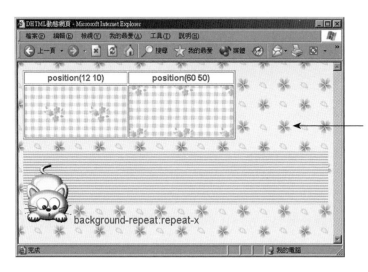

調整position位置,同張圖片顯示效果也不同。

10-3-6 DHTML

DHTML一般稱為「動態網頁」,全名是「Dynamic HTML」,不單指一項網頁技術,而是由不同的網頁技術所組成的,包括HTML、CSS與JavaScript等。可以讓使用者隨心所欲的調整網頁,依照DHTML觀念所產生的網頁可以有以下功能:

1. **動態排版樣式**：透過CSS（Cascading Style Sheets，樣式表）可以設定字體大小、粗細等格式效果控制段落邊界、段首縮排等。

2. **動態網頁效果**：可以隨時動態新增、修改或刪除網頁中的文字、標籤等，例如當滑鼠移過文字時，網頁上新增一列文字等。

3. **動態定位**：透過DHML可以將網頁中的元件安排在任意位置，甚至透過X、Y、Z軸的位置控制，而達到元件移動的效果，例如：圖片隨著游標移動的效果。

4. **濾鏡效果**：DHML可以為網頁上的HTML元件加上特殊的濾鏡效果，例如圖形羽化、水面倒影、網頁換場特效等，可供使用的視覺化濾鏡特效多達14種之多。

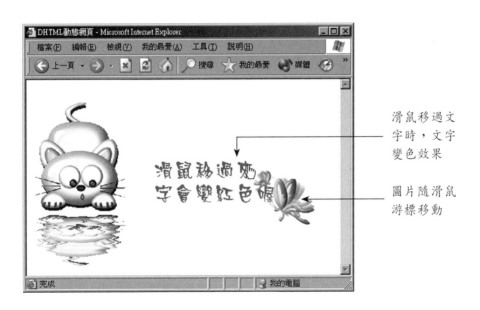

滑鼠移過文字時，文字變色效果

圖片隨滑鼠游標移動

10-3-7 XML

　　電子商務的基本模式之一的B2B，提供了一種描述結構化資料的標準作法，最原始設計的動機就是要交換商業資料。XML定義每種商業文件的格式，並且能在不同的應用程式中都能使用。「可延伸標記語言」

（eXtensible Markup Language, XML）中文譯為「可延伸標記語言」，由全球資訊網路標準制定組織W3C，根據SGML衍生發展而來，一種專門應用於電子化出版平台的標準文件格式。SGML是由另外一個標準組識ISO所通過的文件格式標準，XML捨棄了其中複雜的規格，以更為精簡的格式達到SGML所具備的大部分功能。

　　格式類似HTML，與HTML最大的不同在於XML是以結構與資訊內容為導向，由標籤定義出文件的架構，像是標題、作者、書名等，補足了HTML只能定義文件格式的缺點，XML具有容易設計的優點，並且可以跨平台使用，因此廣泛的受到全球各大資訊廠商的歡迎，目前已經成為WEB以及各種異質平台之間進行資料交換的共通標準。

　　XML是一種類似HTML標籤語法的純文字格式檔案，使用一般的文字編輯器（例如Notepad）就可以對其內容進行編輯。當我們用瀏覽器開啟XML文件時，網頁會以XML原始碼呈現，瀏覽器僅提供簡單的預覽功能，XML必須搭配取出資料的程式才能發揮作用。底下是一個記錄會員資料的XML檔案範例。

```
<?xml version='1.0' encoding='Big5' ?>
<customers>
    <customer access='deny'>
        <customerid >9001</customerid >
        <customername >鄭中基</customername >
        <tel>02-87878888</tel>
        <email>michael@gmail.com</email>
    </customer>
    <customer access='pass'>
        <customerid >9002</customerid >
        <customername >朱協志</customername >
        <tel>07-2255447</tel>
        <email>john@yahoo.com.tw</email>
    </customer>
</customers>
```

10-3-8 osCommerce軟體

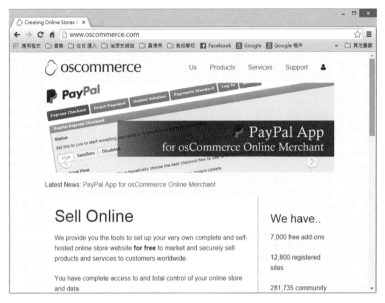

osCommerce原廠的官網

　　Os Commerce為Open Source e-Commerce的縮寫，是一套全功能電子商務網路開店系統，它不只是公開原始碼，而且主系統也是免費，也有支援中文化界面，使用者可以自由下載、安裝並使用該軟體，不需要撰寫任何程式，就可以自行建立一個購物網站，堪稱是目前最好的免費電子商務解決方案。

　　這套系統擁有簡單的安裝方式以及強大的後台維護功能，讓不懂技術的使用者可以輕鬆的建置商務網站，如果遇到問題，也可以到官方網站或技術論壇去尋求解答。使用Os Commerce所建立網站會同時包含商店管理（後台）與使用者選購（前台）兩大部分，前台能夠展示商品、搜尋/瀏覽商品、線上購物、交易付款、或是進行客戶的註冊。

CHAPTER

10

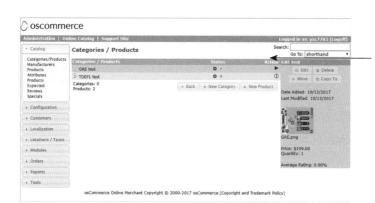

後台提供商店的管理，包括新增商品類別、增/刪商品、產品上架、訂單處理

前台提供使用者搜尋/瀏覽商品、選購商品、線上購物、交易付款，或是進行客戶的註冊

　　由於商家可以擁有強大的後台管理系統，所有管理工作都可在網站上進行，因此這個章節將為各位介紹如何使用OsCommerce軟體來建立一個簡單的購物網站。

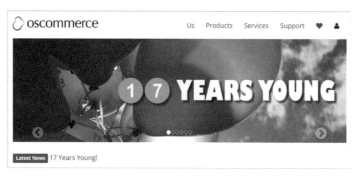

OsCommerce官方網站https://www.oscommerce.com/

10-3-9 Dreamweaver cc

　　Dreamweaver是目前網路世代中，最夯最火的網頁編輯程式，因為它可以讓網頁設計師在不需要編寫HTML程式碼的情況下，透過「所見即所得」的方式，輕鬆且快速地編排網頁版面，對於程式設計師而言，也可以透過程式碼模式來快速編修網頁程式。此外，它也能輕鬆整合外部的檔案或程式碼，且網頁上傳功能也相當的安全，所以目前已成為網站開發人員在設計網站時的最佳選擇工具。

　　在目前Creative Cloud版本中，安裝程式的方式跟以往有所不同，往昔都是透過光碟片來安裝程式，現在則是透過雲端程式來下載軟體，想要使用Adobe Dreamweaver CC程式，首先必須到Adobe網站申請並擁有一組Adobe ID和密碼，透過此組帳戶和密碼，才可進行Adobe Creative Cloud程式的下載。網址如下：https://creative.adobe.com/

Adobe ID通常為個
人的電子郵件地址
密碼自訂

　　首先映入各位眼前的是「歡迎畫面」，歡迎畫面裡主要包括如下幾項內容：

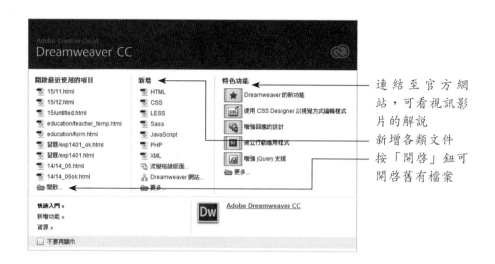

連結至官方網
站，可看視訊影
片的解說

新增各類文件

按「開啟」鈕可
開啟舊有檔案

10-3-10 響應式網頁設計（RWD）

　　隨著行動交易方式機制的進步，全球行動裝置的數量將在短期內超過全球現有人口，在行動裝置興盛的情況下，24小時隨時隨地購物似乎已經是一件輕鬆平常的消費方式，客戶可能會使用手機、平板等裝置來瀏覽你的網站，消費者上網習慣的改變也造成企業行動行銷的巨大變革，如何讓網站可以跨不同裝置與螢幕尺寸順利完美的呈現，就成了網頁設計師面對的一個大難題。

相同網站資訊在不同裝置必需顯示不同介面，以符合使用者需求

　　電商網站的設計當然會影響到行動商務能否成功的關鍵，一個好的網站不只是局限於有動人的內容、網站設計方式、編排和載入速度、廣告版面和表達形態都是影響訪客抉擇的關鍵因素。因此如何針對行動裝置的響應式網頁設計（Responsive Web Design, RWD），或稱「自適應網頁設計」，讓網站提高行動上網的友善介面就顯得特別重要，因為當行動用戶進入你的網站時，必須能讓用戶順利瀏覽、增加停留時間，也方便的使用任何跨平台裝置瀏覽網頁。響應式網站設計最早是由A List Apart的Ethan Marcotte所定義，因為RWD被公認為是能夠對行動裝置用戶提供最佳的視覺體驗，原理是使用CSS3以百分比的方式來進行網頁畫面的設計，在不同解析度下能自動去套用不同的css設定，透過不同大小的螢幕視窗來改變網頁排版的方式，讓不同裝置都能以最適合閱讀的網頁格式瀏覽同一網站，不用一直忙著縮小放大拖曳，給使用者最佳瀏覽畫面。此外，未來只需要維護及更新一個網站內容，不需要為了不同的裝置設備，再花時間找人編寫網站內容，每次連上網頁都會是最新版本，代表著我們的管理成本也同步節省。

10-4 網站成效評估

　　電子商務的種類不斷地推陳出新，使得電子商務的走向更趨於多元化，電子商務網站評估方式眾多，一直以來經營電子商務所為人詬病就是無法正確評估績效，比較擔心是一下子燒掉太多金額，回收不如預期。由於不同的網站所設定的目標不同，所以也有不同的評價標準。我們可以分別從網站使用率（web site usage）、財務獲利（financial benefits）、交易安全（transaction security）與品牌效應（brand effect）四個面向來評估。

10-4-1 網站使用率

網站設計的重點，不僅在於視覺上的美觀，更要以使用者為導向出發，符合其上網目的與習慣，達成最佳的商業效果。因此流量的成長代表網站最基本的人氣指標，這是評估有關「網站使用率」（web site usage）的部份。由於網路數據具備可偵測性，我們可以透過網站流量（web site traffic）、點擊率（Clicks）、訪客數（Visitors）來判斷。網站流量是從各位的網站空間所讀出的資料大小就稱流量，沒有流量就沒有了人氣基礎。點擊數則是一個沒有實際經濟價值的人氣指標，**網站並無法藉由點擊數來賺錢，最多只能增加網站的流量數字**。不過許多電子商務網站短期吸引極高的網友點擊率，但網站的內容與活動卻讓人失望，高點擊率就是一種曇花一現。

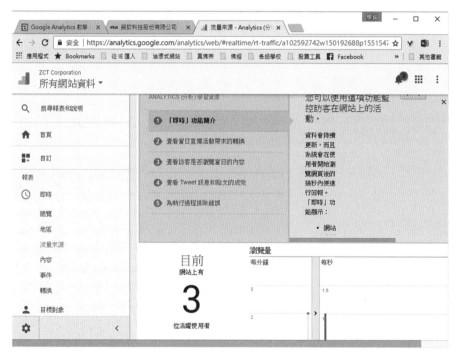

Google Analytics是一套免費且功能強大的跨平台流量分析工具

　　網站的不重複訪客數也是判斷網站效益的關鍵之一，或者透過**新舊訪客比率**來了解網站的新訪客和舊訪客的比例，可作為日後調整內容走向的重要依據。回客率（Back-off rate）更是重要評估指標之一，如何提高回客率是一家網路商店獲利的基礎。因為網路上有許多免費的流量分析統計工具，如果各位想查詢自己或公司網站的流量排名時，可以直接採用Alexa網站分析工具來對網站做流量分析。

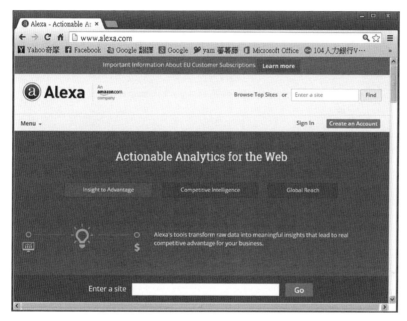

Alexa也是一套免費的網站流量趨勢與分析工具

10-4-2 財務獲利

　　企業引進電子商務網站最大的價值在於藉由新的交易平台，以增加企業的經營績效，並增加企業在產業中的競爭優勢。經營電子商務網站首重成交與營業額，當實際經營一個電子商務網站，就必須要像開實體店面一般，從帶進多少訂單或業績來判斷，用更精確的財務數字來評估經營績

效。畢竟對購物網站而言，總希望把錢花在刀口上，而最實際的就是網站所帶來的訂單數。例如流量的「轉換率」（Conversion Rate）就是各家電子商務企業十分重視的一個指標，公式就是將訂單數 / 總訪客數，就可以算出平均多少訪客可以創造出一張訂單，轉換率愈高，電子商務網站的財務獲利績效愈好。

10-4-3 交易安全

由於電子商務未來愈來愈盛行，消費者依然對網路購物有所顧慮，大部分信用卡客戶認為有無安全機制，是她們進行網路購物時最為擔心的問題。許多消費者在網路上進行瀏覽及交易，最注重視的就是網站是否安全，而且將會嚴重影響到他們在網站上進行消費的願意。在安全性方面，評估網站主要的瀏覽動作是否採用SSL機制及網站安全漏洞的防護程度，例如使用者在網站上輸入帳號密碼及下訂單，如果有提供SSL安全機制，個人的隱私資料就很容易被人竊聽與盜取。網站安全漏洞的防護程度則包括架設防火牆（Firewall）、入侵偵測系統（Intrusion Detection System, IDS）與安裝防毒軟體等。

10-4-4 品牌效應

經營一個完善的電子商務網站，是否能夠讓消費者感到便利及滿意，將會影響到消費者對這個品牌的印象。電子商務確實為正在改變人們長久以來的消費習慣與企業的經營型態，很多不同的網站管理者對於網站結果的評估，往往都是憑藉著自己的感覺來審視網站各方的數據，然而一個品質與深度兼具的企業網站所創造的價值是無可計量的，除了可為網站達到加分的效果，更可以提升品牌的認同度。提高企業形像（Brand Image）也是企業主是否滿意的一種指標，因為管理者比較想知道的是整體的效益，可以透過搜尋排名（SEO）來顯示示使用者的是品牌印象與信任度。

本章習題

1. 試簡述電子商務網站的架構。

2. 請簡單說明網站測試階段時期的工作。

3. 有哪些常見的架站方式？

4. 何謂HTML5？試說明之。

5. 何謂「虛擬主機」（Virtual Hosting）？有哪些優缺點？請說明。

6. 試主機代管（Co-location）的功用。

7. 請簡單介紹osCommerce架站軟體。

8. 請簡述客戶端網頁語言。

9. CSS的優點為何？

10. 試簡述ASP.NET。

11. 如何判斷網站經營目標或經營策略是否正確？

12. 請簡述網站流量（web site traffic）、點擊率（Clicks）。

第十一章

網路行銷導論

在傳統的商品行銷策略中，大都是採取一般媒體廣告的方式來進行，例如報紙、傳單、看板、廣播、電視等媒體來進行商品的宣傳，或者實際舉行所謂的「產品發表會」來與消費者面對面的行銷。這些以文字及圖形呈現的行銷傳播溝通模式範圍通常會有地域與時間上的限制，而且所耗用的人力與物力的成本也相當高。

星巴克咖啡非常懂得利用各種最新網路行銷工具

隨著數位化經濟時代之來臨,地理疆界已被打破,行銷因為網路而做了空前的改變,網路行銷的模式不但具備即時性、互動性、客製化、連結性、跨地域及多媒體等特性,更可以透過數位媒體結合,使文字、聲音、影像與圖片可以整合在一起,讓行銷的標的變得更為生動與即時。好的網路行銷方式其實比想像中的還要複雜,就如同開店做生意一樣,絕對不會是租間店面就能開始賺錢,網路行銷方式必須著重理論與實務兼備,充分考量市場端、企業端及消費者端等三個面向的各自發展與互相影響。

11-1 網路行銷的特性

網際網路已逐漸成為現代人生活的一部分,上網人口也大幅增加,而且利用快速傳輸系統,互動式傳遞給顧客相關資訊或商品服務,也將帶來e世代的網路行銷革命。「網路行銷」(online marketing)就是藉由行銷人員將創意、商品及服務等構想,利用通訊科技、廣告促銷、公關及活動方式在網路上執行。簡單的說,就是指透過電腦及網路設備來連接網際網路,並且在網際網路上從事商品銷售的行為。

狹義的網路行銷,是指企業運用網際網路及相關的數位科技來達成商品促銷、議價、推廣及服務等活動,進而達成企業行銷的最後目標。廣義來說,網路行銷可以視為是行銷活動、管理活動和網際網路的組合,換言之,只要行銷活動中某個活動透過網際網路達成,即可視為是網路行銷。接下來我們來認識網路行銷的五種特性。

11-1-1 資訊的即時互動與傳遞

圖片來源：http://www.toyota.com.tw　圖片來源：http://n11.iriver.co.kr

生動吸睛的網路廣告，讓消費者增加不少購物動機

　　網路行銷無可取代的優勢，就在於傳播溝通上的即時互動及效益分析，網路行銷並非單單只有意味著「建立你的網站」或者「廣告你的網站」，相較於實體或傳統行銷，網路最大的特色就是打破了空間與時間的藩籬，可以有效提高行銷範圍與加速資訊流通，而且買賣雙方可以立即回應，無形中拉近買賣雙方的距離，服務品質也因而提升。由於網路行銷概念的導入，大家都是網際網路上參與者，每個人既是資源的消費者，又是資源的生產者，精準的達成商品銷售及建立品牌資產的傳播目的。

11-1-2 多媒體技術的應用

　　在愈來愈多的網路商店競爭下，網頁的設計與推廣也日益重要。「超媒體（Hpermedia）」是網頁呈現的新技術，是指將網路上不同的媒體文件或檔案，透過超連結（Hyperlink）方式連結在一起，相當適合以數位化的形式進行資訊的搜集、保存與分享。網路的資訊傳播方式可以利用不同的形式呈現，對於行銷活動的推廣當然更富彈性，例如生動活潑的網路廣告促銷，也會促使消費者增加網路購物數量，特別是由於串流媒體

（Streaming Media）技術的大幅進步，讓網際網路與多媒體的雙效結合也成了無可取代商業行銷的重要管道。

Tips

　　所謂串流媒體（Streaming Media） 是近年來熱門的一種網路多媒體傳播方式，它是將影音檔案經過壓縮處理後，再利用網路上封包技術，將資料流不斷地傳送到網路伺服器，而用戶端程式則會將這些封包一一接收與重組，即時呈現在用戶端的電腦上，讓使用者可依照頻寬大小來選擇不同影音品質的播放。

　　由於網際網路上所行銷或販售的商品，主要是透過電腦設備來呈現商品的外觀、功能與特性，因此商家便能夠利用電腦多媒體技術，來讓消費者更加了解商品的諸項特性。 例如從最近火紅寶可夢成功的網路行銷經驗，就是運用擴增實境（AR）結合了遊戲與實體世界，讓寶可夢與現實地理地圖結合，呈現真實的街道架構，達到模擬出精靈寶可夢世界的效果，然後透過寶粉遊玩帶動的各種分享、轉發，輕易引起各路寶粉的共鳴，迅速帶起全球神奇寶貝迷抓寶的熱潮。

寶可夢是結合AR與LBS的遊戲化行銷

Tips

　　擴增實境（Augmented Reality, AR）技術是一種將虛擬影像與實景互動的技術，也就是在螢幕上讓眞實環境中加入虛擬畫面，在現實與虛擬的世界之間搭起一座橋梁。目前AR運用在各產業間有著十分多元的型態，多數做爲企業廣告行銷利器與遊戲設計，可以在眞實影像上加上3D數位效果，更是加深了廣告的內容體驗。

11-1-3 精準可測量的行銷成果

　　網路行銷能幫助無數在網路成交的電商網站創造訂單與收入，網路行銷常被認為是較精準的行銷，主要由於它是所有媒體中極少數具有「可被測量」特性的數位媒體，並達到統計效果的可能性。由於網路數據的可偵測性，這個「可測量性」使網路行銷與眾不同。網路媒體可以稱得上是目前所有媒體中滲透率（Reach Rate）最高的新媒體，消費者可依個人的喜好選擇各項行銷活動，而廣告主也可針對不同的消費者，提供個人化的廣告服務。真正成功的網路行銷，是善用這個新的媒體與傳統媒體結合所產生的驚人效益。

網路行銷內容所吸引客群的數目可以量化與評估

11-1-4 個性化消費潮流興起

　　全球熱愛網路消費的使用者，開始習慣利用網路購買各類商品，也連帶提高他們對網路購物的需求，網際網路的發展，除了帶動了網路行銷時代來臨，同時也促成消費者購買行為的大幅度改變。

　　網路購物已經成為消費者購物的新趨勢，愈趨「個性化」與「客製化」的商品，愈能擄獲消費者的心，在一片追求個性化消費（Personalized Consumption）的風潮中，唯有獨一無二或者愈「怪」的商品才能抓住消費者求新求變的目光。

個人化商品大受歡迎

11-2 行銷學與4P行銷組合簡介

　　「行銷」（Marketing），基本上的定義就是將商品、服務等相關訊息傳達給消費者，而達到交易目的的一種方法或策略，關鍵在於贏得消費者的認可和信任。彼得・杜拉克（Peter Drucker）曾經提出：「行銷（marketing）的目的是要使銷售（sales）成為多餘，行銷活動是要造就顧客處於準備購買的狀態。」

　　在行銷的世界裡，行銷策略就是在有限的企業資源條件下，充分分配資源於各種行銷活動不管你在職場裡擔任什麼職務，我們可以這樣形容：**在企業中任何支出都是成本，唯有行銷是可以直接幫你帶來獲利**，市場行銷的真正價值在於為企業帶來短期或長期的收入和利潤的能力。

行銷不但是種方法，也是一門藝術

11-2-1 4P行銷組合簡介

　　現代人每天的食衣住行育樂都受到行銷活動的影響，行銷人員在推動行銷活動時，最常提起的就是行銷組合，所謂行銷組合，各位可以看成是一種協助企業建立各市場系統化架構的元件，藉著這些元件來影響市場上的顧客動向。美國行銷學學者麥卡錫教授（Jerome McCarthy）在20世紀的60年代提出了著名的4P行銷組合（marketing mix）。

　　所謂行銷組合的4P理論是指行銷活動的四大單元，包括「產品」（**product**）、「價格」（**price**）、「通路」（**place**）與「促銷」（**promotion**）等四項，也就是選擇產品、訂定價格、考慮通路與進行促銷等四種。4P行銷組合是近代市場行銷理論最具劃時代意義的理論基礎，屬於站在產品供應端（supply side）的思考方向，奠定了行銷基礎理論的框架，為企業思考行銷活動提供了四種容易記憶的分類方式。通常這四者要互相搭配，才能提高行銷活動的最佳效果。請看以下說明：

11-2-2 產品（product）

　　隨著市場擴增及消費行為的改變，產品策略主要研究新產品開發與改良，包括了產品組合、功能、包裝、風格、品質、附加服務等。例如星巴克咖啡在全球各地到處可見，對於產品定位就在不是只要賣一杯咖啡，而是賣整個店的咖啡體驗。把咖啡這種存在幾百年的古老產品，變成了擋不住的流行趨勢，改寫了現代人對咖啡的體驗與認知。後來星巴克更跨出了更多的產品線，不只是銷售咖啡，也嘗試賣咖啡豆、咖啡相關器具、糖果、糕點等。通常網路上最適合的行銷產品是流通性高與低消費風險的產品，如熟悉的日用品、3C消費性電子產品等，不過也可以利用產品組合，讓顧客有更多選擇，並增加其他產品的曝光率。例如用免費贈品搭配新產品、買多件商品享折扣、或者透過與眾不同的包裝，在外形上塑造出產品差異等。

星巴克讓咖啡這項產品重新詮釋

11-2-3 價格（price）

　　在過去的年代，一個產品只要本身賣相夠好，東西自然就會大賣，然而在現代競爭激烈的網路全球市場中，往往提供相似產品的公司絕對不只一家，顧客可選擇對象增多了，因此價格決定了商品在網路上競爭的實力。我們都知道消費者對高品質、低價格商品的追求是永恆不變的。價格策略是唯一不花錢的行銷因素，選擇低價政策可能帶來「薄利多銷」的榮景，卻不容易建立品牌形象，高價策則容易造成市場推廣上的障礙。在過去的年代，一個產品只要本身賣相夠好，東西自然就會大賣，然而在現代競爭激烈的網路全球市場中，消費者可選擇對象增多了，「貨比三家不吃虧」總是王道。

CHAPTER

11

肯德基套餐會不定時調整價格策略

　　由於網路購物能降低中間商成本，並進行動態定價，價格決策須與產品設計、配銷、促銷決策必互相協調。企業可以根據不同的市場定位，配合制定彈性的價格策略，其中市場結構與效率都會影響定價策略，包括了定價方法、價格調整、折扣及運費等，定價往往是決定企業的銷售量與營業額的最關鍵因素之一。例如運費高低也是顧客考量價格的關鍵之一，低運費不僅能吸引顧客買更多，也能改善消費體驗，並且吸引顧客回流。

11-2-4 通路（place）

　　通路是由介於廠商與顧客間的行銷中介單位所構成，掌握通路就等於控制了產品流通的主要咽喉，通路運作的任務就是在適當的時間，把適當的產品送到適當的地點。企業與消費者的聯繫是透過通路商來進行，**通路**

對銷售而言是很重要的一環，是由介於廠商與顧客間的行銷中介單位所構成，強調配銷、中間商選定、上架、運輸等。隨著愈來愈競爭的市場，迫使廠商愈來愈重視通路的改善，不論實體或虛擬店面，只要是撮合生產者與消費者交易的地方，都屬於通路的範疇，也是許多品牌最後接觸消費者的行銷戰場。

好士多（Costco）龐大通路成功讓義美厚牛奶瞬間爆紅

這幾年來，許多以網路起家的品牌，靠著對網購通路的了解和特殊的行銷手法，成功搶去相當比例的傳統通路的市場。由於通路的運作相當複雜，加上網路時代崛起後，讓原本的遊戲規則起了變化，行銷人員必須審慎評估，究竟要採取何種通路型態才能順利銷售產品。

11-2-5 促銷（promotion）

促銷（promotion）是將產品訊息傳播給目標市場的活動，透過促銷

活動試圖讓消費者購買產品以短期的行為來促成消費的增長。每當經濟
成長趨緩,消費者購買力減退,這時促銷工作就顯得特別重要,產品在不
同的市場週期時要採用什麼樣的行銷活動,如何利用促銷手腕來感動消費
者,讓消費者真正受益,實在是促銷活動中最為關鍵的課題。促銷無疑是
銷售行為中最直接吸引顧客上門的方式,在網路上企業可以以較低的成
本,開拓更廣闊的市場,加上網路媒體互動能力強,最好搭配不同工具進
行完整的促銷策略運用。

全聯福利中心不定期舉辦推廣活動來刺激買氣

11-2-6 行銷的4C組合

4P理論是傳統行銷學的核心,隨著網際網路與電子商務的興起,
對於情況複雜的網路行銷觀點而言,4P理論的作用就相對要弱化許多。

1990年羅伯特‧勞特朋（Robert Lauterborn）提出了與傳統行銷的4P相對應的4C行銷理論，分別為顧客（Customer）、成本（Cost）、便利（Convenience）和溝通（Communication），對於網路時代而言，促使行銷理論由原來的重心4P，逐漸往4C移動。4C是一種以消費者為導向的4P模型，網路行銷理論中這4P必須與4C相對應，才能把顧客整合到整個行銷過程中，在滿足顧客需求的同時，最大限度地實現企業目標的一種雙贏的行銷模式。

4C行銷理論

■ 顧客（Customer）

　　當企業計畫推出每一件新產品時，最主流的行銷趨勢則是「顧客導向」，行銷包含顧客經驗、顧客關係、顧客溝通、顧客社群整體考量的行銷策略與方式。例如全球知名化妝品公司雅芳（Avon）以一句「雅芳比女人更了解女人」的廣告詞，塑造出品牌鮮明的形象，滿足了目標的客群，因為企業提供的不應該只是產品和服務，更重要的是由此產生的顧客價值。

「比女人更了解女人」的信念讓雅芳成功建立了顧客的忠誠度

■ 成本（Cost）

　　成本（Cost）不單是企業的生產成本，或者說4P策略中的價格部分，它還包括顧客的購買成本，店家貨品牌必須首先了解和研究顧客，並透過一系列深入分析來了解消費者為滿足需求所願付出的成本為基準點來提供產品。在網路時代企業應設法在消費者容忍的價格限度內增加利潤，真正充分考慮顧客願意支付的成本，實現成本的最小化，短期似乎減少了企業利潤，但從長期效應來看，從網路上面帶來的銷售額將會有快速的成長。

四方通行旅遊網提供了許多符合年輕族群的低價優惠方案

▌便利（Convenience）

　　企業不再只是觀察市場而是參與市場，現代人由於工作和生活的忙碌，必須思考如何給消費者方便買到此產品，購買的便利性也是消費者利益的一部分，與傳統的行銷管道相比，新的行銷觀念更重視服務環節。在銷售過程中強調為顧客提供便利，讓顧客既買到商品也買到便利，例如在各大便利超商、大賣場、超市、網路、販賣機等能販售，或是透過如快遞、宅配、郵局、海外航空快遞等方式，送貨範圍可以覆蓋到全國各地甚至國外，從而使讀者的整個購買過程更加輕鬆便利。

Pchome商店街提供更優質便利的網購服務

■ 溝通（Communication）

　　網際網路互動的本質允許較傳統行銷深入搜尋管道，店家貨品牌應多加強溝通管道與互動，同時進行各種研究，有些企業還通過行銷計畫來建立與顧客的關係。例如可以透過網路將產品與服務的資訊提供給顧客，也可以讓顧客參與產品或服務的規劃。例如航空公司的里程數計畫，透過網路消費者在決策時有許多隨時更新的資訊可供參考，並維繫企業與消費者的良好關係，進而提升滿意度，如果顧客對企業的產品或服務不滿意，承諾給予顧客合理的補償，以此來建立顧客長期關係。

中華航空的華夏會員服務提供會員雙方溝通的平台

11-2-7 STP（市場目標定位）理論

　　網路行銷規劃與傳統行銷規劃大致相同，所不同的是網路上行銷規劃程序更重視顧客角度，美國行銷學家溫德爾·史密斯（Wended Smith）在1956年提出的S-T-P的概念，STP理論中的S、T、P分別是市場區隔（Segmentation）、目標市場目標（Targeting）和市場定位（Positioning）。通常不論是開始行銷規劃或是商品開發，第一步的思考都可以從STP著手。

■ 市場區隔

　　市場區隔（Segmentation）是指任何企業都無法滿足市場所有的需求，因為不是每一個上門的客人，都是你的顧客。企業在經過分析市場的機會後，接著便在該市場中選擇最有利可圖的區隔市場，並且集中企業資源與火力，強攻下該市場區隔。例如東京著衣創下了網路創業傳奇，更以平均每二十秒就能賣出一件衣服，獲得網拍服飾業中排名第一，市場區隔主要是以台灣與大陸的大眾化女性所追求時尚流行的平價衣物為主，採用「大量行銷」的市場區隔層次。

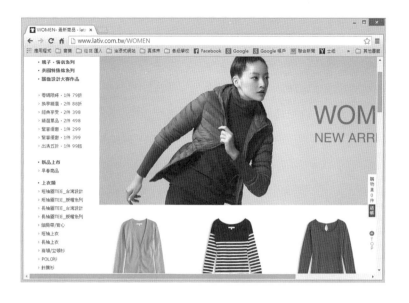

■ 市場目標

市場目標（Targeting）是指依照我們規劃的市場區隔來進行目標的選擇，將目標族群進行更深入的描述，設定那些最可能族群，就其規模大小、成長、獲利、未來發展性等構面加以評估，並考量公司企業的資源條件與既定目標，從中選擇適合的區隔做為目標對象。

漢堡王成功與速食業龍頭麥當勞瓜分市場

■ 市場定位

「市場定位」（Positioning）是STP的最後一步驟，也就是針對作好的市場區隔及目標選擇，為自己立下一個明確不可動搖的品牌印象。透過定位策略，行銷人員可以讓企業的商品與眾不同，並有效地與消費者進行溝通。例如85度C的市場定位是主打高品質與平價消費優質享受的服務，將咖啡與烘焙結合，甚至聘請五星級主廚來研發製作蛋糕西點，以更便宜創新產品進攻低階平價市場。

85度C的市場定位相當明確

11-3 現代網路行銷工具

網路行銷一直都是中小企業的最佳行銷工具，愈來愈多的經營管理者及企業主把「網路行銷」視為企業發展的重點策略。網路行銷方式必須著

重理論與實務兼備，充分考量市場端、企業端及消費者端等三個面向的各自發展與互相影響。網路行銷的工具與方法也有時間性與流行期，各種新的行銷工具及手法不斷出現，行銷相關人員肯定必須與時俱進的學習各種最新工具來符合行銷效益。

店家網站本身也算是一種網路行銷的工具

11-3-1 網路廣告

網路廣告就是在網路平台上做的廣告，與一般傳統廣告的方式並不相同。網路廣告可以定義為是一種透過網際網路傳播消費訊息給消費者的傳播模式，擁有互動的特性，能配合消費者的需求，進而讓顧客重複參訪及購買的行銷活動，優點是讓使用者選擇自己想要看的內容、沒有時間及地區上的限制、比起其他廣告方法更能迅速知道廣告效果。愈來愈多的網路

廣告跟我們生活習習相關，科技愈來愈發達，廣告模式也更五花八門，以下為全球資訊網上常見的網路廣告類型。

Yahoo官方經常打造的創新型態網路廣告

■ 橫幅廣告

橫幅廣告是最常見的收費廣告，在所有與品牌推廣有關的網路行銷手段中，橫幅廣告的作用最為直接，主要利用在網頁上的固定位置，提供廣告主利用文字、圖形或動畫來進行宣傳，通常都會再加入鏈結以引導使用者至廣告主的宣傳網頁。當消費者點選此橫幅廣告（Banner）時，瀏覽器呈現的內容就會連結到另一個網站中，如此就達到了廣告的效果：

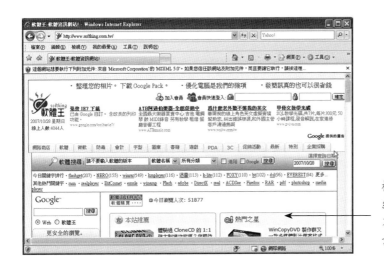

橫幅廣告將會
給消費者帶來
不同的商品資
訊

通常橫幅廣告都會放在流覽者夠多的入口網站，在隨機式的橫幅廣告
播放中，一定可以吸引到感興趣的使用者。優點爲可迅速地讓消費者知道
品牌及產品，缺點則是點選的人不一定是潛在客戶。

■ 按鈕式廣告

按鈕式廣告（Button）是一種小面積的廣告形式，可放在網頁任何地
方，因爲面積小，收費較低，較符合無法花費大筆預算的廣告主，也可購
買連續位置的幾個按鈕式廣告，以加強宣傳效果，常見的有JPEG、GIF、
Flash三種檔案格式。

Tips

　　彈出式廣告（Pop-Up Ads）或稱為插播式（Interstitial）廣告，當網友點選連結進入網頁時，會彈跳出另一個子視窗來播放廣告訊息，強迫使用者接受，並連結到廣告主網站，這種廣告往往會打斷消費者的瀏覽行為，容易產生反感。

■ widget廣告

　　近年來許多創新的網路廣告模式不斷被開發出來，其中Widget廣告受到相當歡迎，Widget是一種桌面的小工具，可以在電腦或手機桌面上獨立執行，消費者只要下載自己所需要的Widget，隨時用文字、影片送上最新訊息，可查詢氣象、電影、新聞、消費等生活資訊，Widget就會主動更新訊息，不需要另外開啟瀏覽器，已經成為許多人日常生活中的好伙伴。

由於widget廣告必須由網友主動下載，顯示消費者認同企業服務，也更願意與人分享，從開機就放在電腦或手機螢幕的桌面上，不僅能一直讓品牌呈現在消費者的眼前，還可以隨時取得最更新即時服務。

■ 原生廣告

隨著消費者行為對於接受廣告自主性為愈來愈強，除了對於大部分的廣告沒興趣之外，也不喜歡那種感覺被迫推銷的心情，反而讓廣告主得不到行銷的效果。原生廣告（Native advertising）就是近年受到熱門討論的廣告形式，不再守著傳統的橫幅式廣告，而是圍繞著使用者體驗和產品本身，最大的特色是可以將廣告與網頁內容無縫結合，**讓消費者根本沒發現正在閱讀一篇廣告**。通常藉著降低瀏覽者戒心，令他們心甘情願的點擊，廣告訴求可以完美融合在行銷內容中，就像是 Facebook 動態牆上的贊助貼文，或是將在 Twitter 的廣告化身為一則具有價值的內容推文，都能在不知不覺中刺激消費者的購買慾望。

吃宅配網手工蛋捲的原生廣告開出業績長紅

> **Tips**
>
> 　　內容行銷（Content Marketing）是一門與顧客溝通但不做任何銷售的藝術，關鍵就在於如何設定內容策略，可以既不直接宣傳產品，不但能達到吸引目標讀者，最後驅使消費者採取購買行動的行銷技巧，因為創造的內容還是為了某種行銷目的，目地在長期與顧客保持聯繫，避免直接明示產品，銷售意圖絕對要小心藏好。

11-3-2 關鍵字廣告

　　由於許多網站流量的重要來源有一部分是來自於搜尋引擎的關鍵字搜尋，因為每一個關鍵字的背後可能都代表一個購買的動機，關鍵字廣告（Keyword Advertisements）是許多商家網路行銷的入門選擇之一，它的功用可以讓店家的行銷資訊在搜尋關鍵字時，會將店家所設定的廣告內容曝光在搜尋結果最顯著的位置，購買關鍵字廣告因為成本較低效益也高，而成為網路行銷手法中不可或缺的一環。

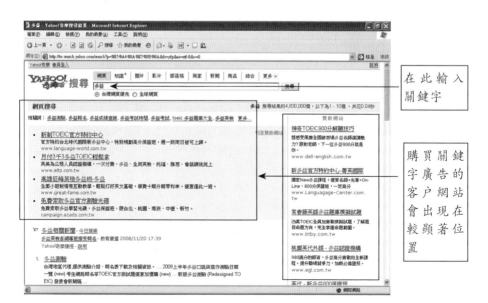

關鍵字行銷

　　關鍵字廣告行銷手法不僅較為靈活，能夠第一時間精準的接觸目標潛在客戶群，廣告預算還可隨時調整，適合大小不同的宣傳活動。當然選用關鍵字的原則除了挑選高曝光量的關鍵字之外，選對關鍵字，當然是非常重要的一件事情，唯有找出代表潛在顧客的關鍵字，才能間接找出這些潛在顧客。

11-3-3 病毒式行銷

　　大家常說的「病毒式行銷」（Viral Marketing），主要的方式倒不是設計電腦病毒讓造成主機癱瘓。它是利用一個真實事件，以「奇文共欣賞」的模式分享給周遭朋友，並且一傳十、十傳百地快速轉寄這些精心設計的商業訊息，正如同病毒一樣深入網友腦部系統的訊息，傳播速度之迅速，實在難以想像。

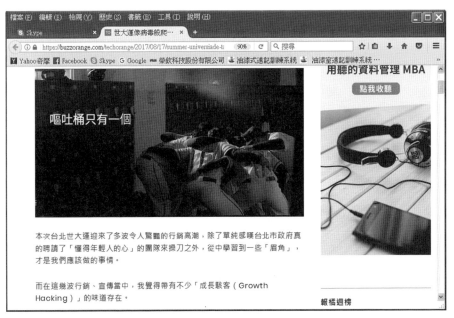

台北世大運以「意見領袖—網紅」創造社群病毒行銷宣傳

11-3-4 電子郵件與電子報行銷

　　隨著數位工具的普及，電子郵件行銷與電子報行銷方式也蔚為風行。Email行銷（Email Marketing）是許多企業喜歡的行銷手法，例如將含有商品資訊的廣告內容，以電子郵件的方式寄給不特定的使用者，也算是一種「直效行銷」，能幫助商家與客戶建立友好關係。不過在資訊爆炸的時代，垃圾郵件到處充斥，如果直接就向用戶發送促銷Email，絕對會大幅降低消費者對於商業電子郵件的注意力，企業將很難獲得與其溝通的機會，最好是同時利用廣告、贈品來吸引用戶的興趣，順便在郵件內容中加入適量促銷資訊，從而實現行銷的目的，例如7-11網站常常會為會員舉辦活動，並經常舉辦折扣或是抽獎等誘因，讓會員樂意經常接到7-11的產品訊息郵件，並有接近10%以上的意見回函。

7-11超商的電子郵件行銷相當成功

CHAPTER

11

　　電子報行銷（Email Direct Marketing）則是一種主動出擊的戰術，目前**電子報行銷依舊是企業經營老客戶的主要方式**，多半是由使用者訂閱，再經由信件或網頁的方式來呈現行銷訴求，而成效則取決於電子報的設計和規劃。例如好的主旨容易勾住收信者的目光，或者將電子報以動畫方式呈現，當然個人化內容電子報會更貼近讀者的需求，這樣的設計都能讓收信者進而點開電子報閱讀。由於電子報費用相對低廉，還有一個好處就是它可以追蹤，這種作法將會大大的節省行銷時間及提高成交率。

遊戲電子報是與玩家維繫關係的很好管道

11-3-5 整合性行銷

創意往往是行銷的最佳動力，尤其是在面對一個三百六十度網路整合行銷的時代，帶來了前所未有的成果，也就是整合多家對象相同但彼此不互相競爭公司資源，產生廣告加乘的效果。例如在電視頻道中播放網站的廣告，或是在報紙、雜誌中刊登平面廣告，如此傳統廣告與網路廣告進行整合，它所能夠揮發的廣告功效，將遠大於單一管道中的廣告效果。

手機廣告在網路與電視上同步播出

一些實體商品的發行，也可以透過網站作為最前端的展示，Amazon就是一個最好的例子，它是從線上圖書起家，而後不斷的跨足各種實體商品的販售，例如CD、唱片、影片、軟體、玩具等，這類的網站必須要有具夠的通路管道，以及迅速的貨物寄送才有辦法經營。

Amazon網站經常與實體商店進行整合行銷

11-3-6 聯盟行銷

　　聯盟行銷（Affiliate Marketing）在歐美是已經被廣泛運用的廣告行銷模式，利用聯盟行銷則可以吸引無數的網民為其招攬客人，為數以萬計的網站增加了額外收入，每天24小時全年無休，並且成為網路SOHO族的主要生存方式之一，讓你隨時都享有成交客戶賺取獎錢的機會。廠商與聯盟會員利用聯盟行銷平台建立合作夥伴關係，包括網站交換連結、交換廣告及數家結盟行銷的方式，共同促銷商品，當聯盟會員加入廣告主推廣行銷商品平台時，會取得一組授權碼用來協助企業銷售，然後開始在部落格或是各種網路平台推銷產品，消費者透過該授權碼的連結成交，順利達成商品銷售後，聯盟會員就會獲取佣金利潤。

聯盟網是台灣第一個國際化的聯盟行銷平台

11-3-7 app行銷

在智慧型手機、平板電腦逐漸成為現代人隨身不可或缺的設備時，現代企業必須將行動App化為行銷策略的一環，與其不斷優化其網站在移動設備上的用戶體驗，不如推出公司的專屬App，隨時隨地都能推播品牌或產品訊息給客戶，可以創造精準有效果的行銷應用，加上透過互動交流與持續經營，這就是網路新媒體的自媒力。例如Yahoo!奇摩為了提供網友跨裝置的行動瀏覽體驗，推出許多行動應用程式，像是Yahoo!奇摩氣象App、電子信箱App等。

UNIQLO相當努力經營App品牌行銷

11-3-8 網紅行銷

　　所謂網紅（Internet Celebrity）就是經營社群網站來提升自己的知名度的網路名人，也稱為KOL（Key Opinion Leader），能夠在特定專業領域對其粉絲或追隨者有發言權及重大影響力的人。這股由粉絲效應所衍生的現象，能夠迅速將個人魅力做為行銷訴求，利用自身優勢快速提升行銷有效性，充分展現了網紅文化的蓬勃發展。

張大奕是大陸最知名的網紅代表人物

　　網紅通常在網路上擁有大量粉絲群，網紅展現方式較有人情味，像和朋友閒聊的感覺，這些人能夠幫助品牌將產品訊息廣泛地傳遞出去，加上了與眾不同的獨特風格，很容易讓粉絲就產生共鳴，進而達到行銷的效果。網紅行銷的興起對品牌來說是個絕佳的機會點，因為社群持續分眾化，現在的人是依照興趣或喜好而聚集，所關心或想看內容也會不同，網紅就代表著這些分眾社群的意見領袖，反而容易讓品牌迅速曝光，並找到精準的目標族群。

11-4 搜尋引擎行銷

　　搜尋引擎行銷（Search Engine Marketing, SEM）指的是與搜尋引擎相關的各種直接或間接行銷行為，包括增進網站的排名、購買付費的排序來增加產品的曝光機會、網站的點閱率與進行品牌的維護。當網友在網路上使用各大搜尋引擎尋找資料時，透過增加搜尋引擎結果頁（Search Engine Result Pages, SERP）能見度的方式，可以在搜尋引擎中進行品牌的推廣，全面而有效的利用搜尋引擎來從事網路行銷。

Tips

　　SERP（Search Engine Results Pag, SERP）是使用關鍵字，經搜尋引擎根據內部網頁資料庫查詢後，所呈現給使用者的自然搜尋結果的清單頁面，SERP的排名是愈前面愈好。

11-4-1 登錄入口網站

百度是中國最大搜尋引擎

　　當各網站製作好後，發現怎麼都搜不到，這時就得自已手動把網站，登錄到個各搜尋引擎中，如果想增加網站曝光率，最簡便的方式可以在知名的入口網站中登錄該網站的基本資料，讓眾多網友可以透過搜尋引擎找到，稱為「網站登錄」（Directory listing submission, DLS）。國內知名的入口及搜尋網站如PChome、Google、Yahoo!奇摩等，都提供有網站資訊登錄的服務：

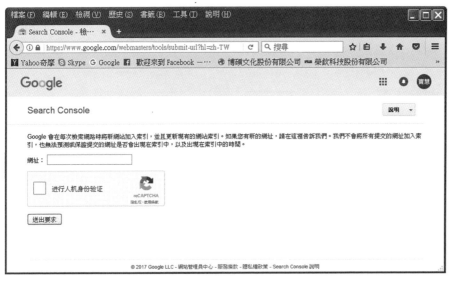

Google引擎登錄必須將網站網址貼上並輸入驗證碼

11-4-2 搜尋引擎最佳化（SEO）

　　網站流量一直是網路行銷中相當重視的指標之一，而其中一種能夠相當有效增加流量的方法就是搜尋引擎最佳化（Search Engine Optimization, SEO），**搜尋引擎最佳化（SEO）**也稱作搜尋引擎優化，是近年來相當熱門的網路行銷方式，就是一種讓網站在搜尋引擎中取得SERP排名優先方式，終極目標就是要讓網站的SERP排名能夠到達第一。SEO主要是分析搜尋引擎的運作方式與其演算法（algorithms）規則，透過網站內容規劃進行調整和優化，來提高網站在有關搜尋引擎內排名的方式，進而提升網站的訪客人數。

　　簡單來說，搜尋引擎對你的網站有好的評價，就會提高網站在SERP內的排名。掌握SEO優化，說穿了就是運用一系列方法讓搜尋引擎更了解你的網站內容，這些方法包括常用關鍵字、網站頁面內（on-page）優化、頁面外（off-page）優化、相關連結優化、圖片優化、網站結構等對消費者而言，SEO是搜尋引擎的自然搜尋結果，而非一般廣告，通常點閱

率與信任度也比關鍵字廣告來的高。

在此輸入速記法，會發現榮欽科技出品的油漆式速記法排名在第一位。

SEO優化後的搜尋排名

　　店家或品牌導入SEO不僅僅是為了提高在搜尋引擎的排名，主要是用來調整網站體質與內容，整體優化效果所帶來的流量提高及獲得商機，其重要性要比排名順序高上許多。此外，搜尋引擎還有所謂的當地網站搜尋優先（Local Search）的概念，搜尋引擎會以搜尋者所在的位置列入優先考量，藉以呈現最適合的需求。簡單的說，各位如果在台灣地區進行搜尋，搜尋引擎通常以台灣的網站為優先，如果您的網站希望出現是在google.com英文搜尋結果的第一頁，那麼各位主機的IP位置，建議最好設立在美國。

本章習題

1. 網路行銷的特性爲何？試簡述之。

2. 何謂行銷組合（marketing mix）？

3. 何謂超媒體（Hpermedia）？

4. 使說明串流媒體（Streaming Media）技術。

5. 哪種商品最受網購族歡迎？請簡單回答。

6. 虛擬實境技術（Virtual Reality Modeling Language, VRML）的功用爲何？

7. 試簡述「行銷」（Marketing）的意義與趨勢。

8. 網路行銷的定義爲何？

9. 請說明長尾效應（The Long Tail）。

10. 試簡述行銷組合的4P理論。

11. 何謂通路？

12. 什麼是4C行銷理論？

13. 試簡述STP理論。

14. 何謂SWOT分析？

15. 電子報行銷的優點爲何？

16. 搜尋引擎最佳化的功用爲何？

17. 搜尋引擎的資訊來源有幾種？試說明之。

18. 什麼是網路廣告？

19. 何謂彈出式廣告（pop-up ads）？

20. 按鈕式廣告（Button）有哪三種常見的檔案格式？

21. 試簡述「病毒式行銷」（Viral Marketing）。

22. 關鍵字行銷的作法爲何？

23. 搜尋引擎的資訊來源主要有哪兩種？請說明。

24. 請說明許可式行銷。

25. 請說明聯盟行銷（Affiliate Marketing）的作法是什麼？

26. SERP（Search Engine Results Pag, SERP）是什麼？

第十二章

社群行銷實務

　　社群已經成為21世紀的主流媒體，從資料蒐集到消費，人們透過這些社群作為全新的溝通方式，由於這些網路服務具有互動性，還可以透過社群力量，能夠讓大家在共同平台上，彼此快速溝通與交流，將想要行銷品牌的最好面向展現在粉絲面前。例如臉書（Facebook）在2017年時全球使用人數已突破20億，臉書的出現令民眾生活形態有不少改變，在台灣更有爆炸性成長，打卡（在臉書上標示所到之處的地理位置）是普遍流行的現象，台灣人喜歡隨時隨地透過臉書打卡與分享照片，是國人最愛用的社群網站，讓學生、上班族、家庭主婦都為之瘋狂。

開心水族箱

Candy Crush Soda Saga

臉書社群上所提供的好玩小遊戲

> **Tips**
>
> 　　打卡（在臉書上標示所到之處的地理位置）是特普遍流行的現象，透過臉書打卡與分享照片，更讓學生、上班族、家庭主婦都為之瘋狂。例如餐廳給來店消費打卡者折扣優惠，利用臉書粉絲團商店增加品牌業績，對店家來說也是接觸普羅大眾最普遍的管道之一。

12-1 認識社群

　　「網路社群」或稱「虛擬社群」（virtual community或Internet community）是網路獨有的生態，可聚集共同話題、興趣及嗜好的社群網友及特定族群討論共同的話題，達到交換意見的效果。網路社群的觀念可從早期的BBS、論壇、一直到近期的部落格、噗浪、微博或者Facebook。由於這些網路服務具有互動性，因此能夠讓網友在一個平台上，彼此溝通與交流。網路傳遞的主控權已快速移轉到網友手上，以往免費經營的社群網站也成為最受矚目的集客網站，帶來無窮的商機。

微博是目前中國最流行的社群網站

12-1-1 六度分隔理論

　　整個社群所帶來的價值就是每個連結創造出個別價值的總和，進而形成連接全世界的社群網路。社群網路服務（Social Networking Service, SNS）就是Web體系下的一個技術應用架構，是基於哈佛大學心理學教授米爾格藍（Stanely Milgram）所提出的「六度分隔理論」（Six Degrees of Separation）運作。這個理論主要是說在人際網路中，要結識任何一位陌生的朋友，中間最多只要通過六個朋友就可以。通常SNS網站都會提供許多方式讓使用者進行互動，包括聊天、寄信、影音、分享檔案、參加討論群組等。例如像Facebook類型的SNS網路社群就是六度分隔理論的最好證明。

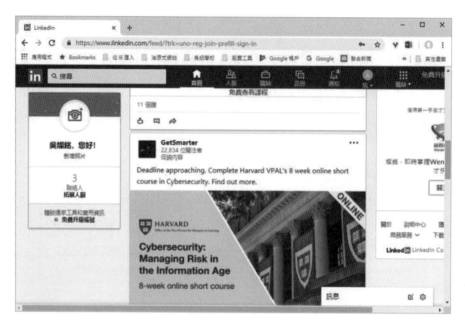

LinkedIn是全球最大專業人士社群網站

　　美國影星威爾‧史密斯曾演過一部電影《六度分隔》，劇情是描述威爾‧史密斯為了想要實踐六度分離的理論而去偷了朋友的電話簿，並進行冒充的舉動。簡單來說，這個世界事實上是緊密相連著的，只是人們察覺不出來，地球就像六人小世界，假如你想認識美國總統歐巴馬，只要找到正確人在六個人之間就能得到連結。隨著全球網路化與資訊的普及，我們可以預測這個數字還會不斷下降，根據最近Facebook與米蘭大學所做的一個研究，六度分隔理論已經走入歷史，現在是「四度分隔理論」了。

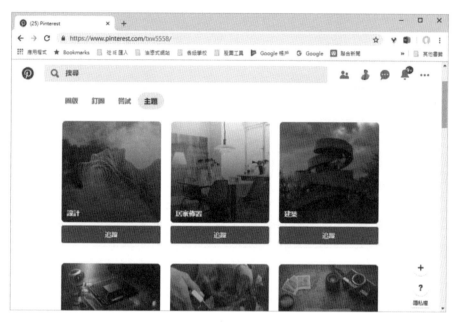

Pinterest在社群行銷導購上成效都十分亮眼

12-1-2 粉絲經濟

　　社群發展所產生的現象能讓一群有共同價值主張、相同趣味的人建立情感關係，特別是因為行動網路技術的推動，手機已經成為現代每個人身體上的一個器官，賦予社群有了更巨大的經濟價值，特別是在「社群」與「行動載具」的迅速發展下，朝向行動裝置等多元銷售、支付和服務通路，群眾力量能載舟也能覆舟，抓住小眾也能變大眾，網路與社群行銷結合將是未來一個電商重要發展方向。

　　由於社群網站的崛起、推薦分享力量的日益擴大，粉絲經濟也算一種新的社群經濟形態，透過交流、推薦、分享、互動，最後產生購買行為所產生的商務模式。也就就是泛指架構在粉絲（Fans）和被關注者關係之上的經營性創新行為，品牌和粉絲就像戀人一對戀人樣，在這個時代做好粉絲經營，要知道粉絲到社群是來分享心情，而不是來看廣告，現在的消費

者早已厭倦了老舊的強力推銷手法，唯有仔細傾聽彼此需求，關係才能走得長遠。

用心回覆訪客貼文是提升商品信賴感的方式之一

桂格燕麥粉絲專頁經營就相當成功

例如隨著「金融科技」（FinTech）熱潮席捲全球，P2P網路借貸（Peer-to-Peer Lending）就是一個社群平台作為中介業務的經濟模式，和傳統借貸不同，特色是個體對個體的直接借貸行為，如此一來金錢的流動就不需要透過傳統的銀行機構，主要是個人信用貸款，網路就能夠成為交易行為的仲介，這個平台會透過網路大數據，提供借貸雙方彼此的信用評估資料，去除銀行中介角色，讓雙方能在平台上自由媒合，雙方包括自然

人以及法人，而且只有借貸雙方會牽涉到金流，平台只會提供媒合服務，因為免去了利差，通常可讓信貸利率更低，貸款人就可以享有較低利率，放款的投資人也能更靈活地運用閒置資金，享有較高之投資報酬。

台灣第一家P2P借貸公司

Tips

　　金融科技（Financial Technology, FinTech）是指一群企業運用科技進化手段來讓各式各樣的金融服務變得更有效率，簡單來說，現代金融科技引發了許多破壞式創新，都是這個趨勢所應運出新服務的角色。

12-2 社群行銷的特性

透過社群行銷經常讓許多商品一夕爆紅

　　所謂「社群行銷」（Social Media Marketing），就是透過各種社群媒體網站，讓企業吸引顧客注意而增加流量的方式。由於大家都喜歡在網路上分享與交流，進而提高企業形象與顧客滿意度，並間接達到產品行銷及消費，所以被視為是便宜又有效的行銷工具。

　　「社群行銷」最迷人的地方就是企業主無需花大錢打廣告，只要想方設法讓粉絲幫你賣東西，光靠眾多粉絲間的口碑效應，就能創下驚人的銷售業績！根據最新的統計報告，有2/3美國消費者購買新產品時會先參考臉書上的評論，且有1/2以上受訪者會因為社群媒體上的推薦而嘗試全新品牌。例如大陸的小米手機剛推出就賣了數千萬台，你可能無法想像，小米機幾乎完全靠口碑與社群行銷來擄獲大量消費者而成功，小米機的粉絲，簡稱「米粉」，「米粉」多為手機社群的意見領袖，小米的用戶不是

用手機，而是玩手機，各地的「米粉」都會舉行定期聚會，在線上討論與線下組織活動，分享交流使用小米的心得，社群行銷的核心是參與感，小米機用經營社群，發揮口碑行銷的最大效能。

小米機因為社群行銷而爆紅

　　網路時代的消費者是流動的，企業要做好社群行銷，一定要先善用社群媒體的特性，因為網路行銷的最終目的不只是追求銷售量與效益，而是重新思維與定位自身的品牌策略。隨著近年來社群網站浪潮一波波來襲，社群行銷已不是選擇題，而是企業行銷人員的必修課程，以下我們將為各位介紹社群行銷的四種特點。

12-2-1 購買者與分享者的差異性

　　網路社群的特性是分享交流，並不是一個可以直接販賣銷售的工具，粉絲到社群來是分享心情，而不是看廣告，成為你的Facebook粉絲，不代表他們就一定想要被你推銷，必須了解網友的特質是「重人氣」、「喜歡分享」、「相信溝通」，商業性太濃反而容易造成反效果。任何社群行銷的動作都離不開與人的互動，首先要清楚分享者和購買者間的差異，要作好社群行銷，首先就必須要用經營社群的態度，而不是廣告推銷的商業角度。

東京著衣非常懂得利用網路社群來培養網路小資女的歸屬感

12-2-2 品牌建立的重要性

　　想透過社群的方法做行銷，最主要的目標當然是增加品牌的知名度，增加粉絲對品牌的喜愛度，更有利於聚集目標客群並帶動業績成長。經營社群網路需要時間與耐心經營，講究的是互動與對話，有些品牌覺得設了一個Facebook粉絲頁面，三不五時到FB貼貼文，就可以趁機打開知名度，讓品牌能見度大增，這種想法是大錯特錯。例如蘭芝（LANEIGE）隸屬韓國AMORE PACIFIC集團，主打的是具有韓系特點的保濕商品，蘭芝粉絲團在品牌經營的策略就相當成功，主要目標是培養與顧客的長期關係，務求把它變成一個每天都必須跟客人或潛在客人聯繫與互動的平台。

蘭芝粉絲團成功打造了品牌知名度

12-2-3 累進式的行銷傳染性

　　社群行銷本身就是一種內容行銷，過程是創造互動分享的口碑價值的活動，許多人做社群行銷，經常只顧著眼前的業績目標，想要一步登天式的成果，而忘了社群網路所具有獨特的傳染性功能，那是一種累進式的行銷過程，必須先把品牌訊息置入互動的內容，讓粉絲開始引起興趣，經過一段時間有深度而廣泛的擴散，藉由人與人之間的信任關係口耳相傳，引發社群的迴響與互動，才能把消費者真正導引到購買的階段，以下是累進式行銷的四個階段的示意圖：

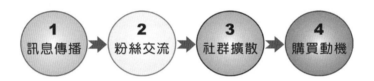

12-2-4 視覺化表達的優先性

　　社群行銷時圖片的功用超越文字許多，盡量多用照片、圖片與影片，讓你的貼文馬上變得讓人吸睛，並且可能粉絲獲得瘋狂轉載。懂得透過影片或圖片來說故事，而不只是光靠文字的力量，通常會更令人印象深刻，讚數和留言也比較多。例如臉書上相當知名的iFit愛瘦身粉絲團，創辦人陳韻如小姐主要是分享自己的瘦身經驗，除了將專業的瘦身知識以淺顯短文方式表達，她非常懂得利用照片呈現商品本身的特點和魅力，不論是在產品縮圖和賣場內容中都發揮得淋漓盡致，猶其強調大量圖文整合與自製的可愛插畫，搭上現代人最重視的運動減重的風潮，難怪讓粉絲團大受歡迎。

iFit網上圖文整合非常吸睛

12-3 臉書行銷

　　Facebook是集客式行銷的大幫手，常被人簡稱為 FB ，中文被稱為臉書，許多人幾乎每天一睜眼就先上臉書，關注朋友最新動態，不少店家也透過臉書行銷，如餐廳給來店消費打卡者折扣優惠。如果您懂得善用Facebook來進行網路行銷，必定可以用最小的成本，達到最大的行銷效益。為了可以讓Facebook行銷更加的成功，除了詢問專業人員的建議外，也可以參考網路上成功的行銷案例，以下將為各位介紹Facebook中可以運用來行銷商品或理念的重要功能。

12-3-1 定期放送動態消息

　　不管是電腦版或手機版，首頁是各位在登入臉書時看到的內容；其中包括「動態消息」以及朋友、粉絲專頁的一連串貼文。位在首頁最上方就是動態消息區，也就是所謂的「塗鴉牆」，一般人可以在自己的塗鴉牆上隨時發表自己的心情。在塗鴉牆上放送消息可以讓朋友得知你的訊息，而這些訊息也能在好友們的近況動態中發現，而達到行銷到朋友圈中，迅速擴散您的行銷商品訊息或特定理念。所以隨時在動態消息中放送最新的資訊，就是增加商品的曝光機會，讓你的所有臉書朋友或關注者都有機會看到。

動態消息區，又稱塗鴉牆，可建立貼文、上傳相片／影片、或做直播

12-3-2 新增限時動態

　　臉書推出的「限時動態」功能，相當受到年輕世代喜愛，限時動態功能會將所設定的貼文內容於24小時之後自動消失，除非使用者選擇同步將照片或影片發佈在動態時報上，不然照片或影片會在限定的時間後自動消除。對於品牌行銷而言，正因為限時動態是24小時閱後即焚的動態模式，會讓用戶更想常去觀看「即刻分享當下生活與品牌花絮片段」的限時內容。

點選此處後，可輸入文字、
拍照、或是從圖庫上傳相片
／影片

12-3-3 粉絲專頁簡介

　　Facebook是目前擁有最多會員人數的社群網站，很多企業品牌透過臉書成立「粉絲團」，將商品的訊息或活動利用臉書快速的散播到朋友圈，再透過社群網站的分享功能擴大到朋友的朋友圈之中，這樣的分享與交流讓企業也重視臉書的經營，透過這樣的分享和交流方式，讓更多人認識和使用商品，除了建立商譽和口碑外，讓企業以最少的花費得到最大的商業利益，進而帶動商品的業績。所以經營臉書就非得了解「粉絲專頁」不可。

Facebook是集客
式行銷的大幫手

　　Facebook粉絲專頁則適合公開性之活動，目的其實就是針對商業活
動所設計，因此特別加上了可以設定自己專屬好記的網址。粉絲專頁的特
性是任何人在專頁上按「讚」即可加入成為粉絲，同時可以經常在近況動
態中，看到自己喜愛的專頁上的消息更新狀況。如果各位是一個組織、企
業、名人等官方代表，就可以建立一個專屬的Facebook粉絲專頁。

Panasonic的粉絲專
頁相當多元化

　　建立粉絲專頁之前，必須要有做足事前的準備，例如需要有粉絲專頁
的封面相片、大頭貼照，還需準備粉絲專頁的基本資料，這樣才能讓其他
人可以藉由這些資訊來快速認識粉絲專頁的主角。這裡先將粉絲專頁的版
面簡要介紹，以便各位預先準備。

　　　　　　　　　　　　　　　　　　　　　粉絲專頁名稱

　　　　　　　　　　　　　　　　　　　　　粉絲專頁封面
　　　　　　　　　　　　　　　　　　　　　（也可以是動
　　　　　　　　　　　　　　　　　　　　　態影像）

　　　　　　　　　　　　　　　　　　　　　大頭貼照

■ 粉絲專頁封面

　　進入粉專頁面的第一印象，在螢幕上顯示的尺寸是寬820像素，高310像素，依照此比例放大製作即可被接受。封面主要用來吸引粉絲的注意，所以盡量能在封面上顯示粉絲專頁的產品、促銷、活動等資訊，讓人一看就能一清二楚。

■ 大頭貼照

　　大頭貼照在螢幕上顯示的尺寸是寬180像素，高180像素，為正方形的圖形即可使用，粉絲專頁的封面與大頭貼所使用的影像格式可為JPG或PNG格式。

■ 粉絲專頁基本資料

　　依照您的粉絲專頁類型，加入的基本資料略有不同。儘可能填寫完整資料，這些完整資訊將為品牌留下好的第一印象，如果能清楚提供這些細節，可以讓粉絲更了解你。準備好基本資料後，從臉書右上方按下「建立」鈕，下拉選擇「粉絲專頁」指令，就可以開始建立粉絲專頁。由於粉絲專頁的類別包含了「企業或品牌」與「社群或公眾人物」兩大類別，

在此選擇「企業或品牌」的類別做為示範。請在「企業或品牌」下方按下「開始使用」鈕，接著輸入粉絲專頁的「名稱」、「類別」，按「繼續」鈕將進入大頭貼照和封面相片的設定畫面。

在大頭貼照和封面相片部分，請依指示分別按下「上傳大頭貼照」和「上傳封面相片」鈕將檔案開啟。

完成如上的設定工作，就可以看到建立完成的粉絲專頁，對於新手來說，Facebook也有提供相關的說明來協助新手經營粉絲專頁，新手們不妨多多參考，如下圖所示：

顯示新建立的
粉絲專頁

下方有提供指
導，教導新手
如何經營粉絲
專頁

粉絲專頁的經營代表著企業的經營態度，必須用心管理與照顧才能給粉絲們信任感，回答粉絲的留言也要將心比心，因為他們很想知道答案才會發問，所以只要想像自己有疑問時，希望得到什麼樣的回答，就要用同樣的態度回覆留言，這樣的作法會讓讀者感到被尊重，進而提升對公司的好感。

12-3-4 粉絲專頁管理者介面

當你擁有粉絲專頁，當然就要進行管理，管理者切換到粉絲專頁時，除了可以在「粉絲專頁」的標籤上看到每一筆的貼文資料，還會在頂端看到「收件匣」、「通知」、「洞察報告」、「發佈工具」等標籤，這是粉絲專頁的管理介面，方便管理員進行專頁的管理。

粉絲專頁的管
理者介面
由左側可進行
活動的建立、
查看評比、編
輯聯絡資訊、
或進行推廣

CHAPTER

12

■ 收件匣

當粉絲們透過聯絡資訊發送訊息給管理者，管理者會在粉絲頁的右上角  圖示上看到紅色的數字編號，並在「收件匣」中看到粉絲的留言，利用Mesenger程式就能夠針對粉絲的個人問題進行回答。

■ 通知

粉絲專頁提供各項的通知，包括：粉絲的留言、按讚的貼文、分享的項目，以及提示管理者該做的動作。有任何新的通知，管理者都可以在個人臉書或粉絲專頁的右上角 圖示上看到數字，就知道目前有多少的新通知訊息。查看這些通知可以讓管理者更了解粉絲專頁經營的狀況以及可以執行的工作。

另外，在「通知」標籤中除了了解各項通知外，從左側還可以邀請朋友來粉絲專頁按讚，對於哪些朋友未邀請，哪些朋友已邀請並按讚，或是邀請已送出未回覆的，都可一目了然。

1.切換到「通知」標籤

3.顯示朋友邀請的狀況與回覆的情形

2.點選「邀請朋友」

■ 洞察報告

粉絲專頁也內建了強大的行銷分析工具，在「洞察報告」方面，對於貼文的推廣情形、粉絲頁的追蹤人數、按讚者的分析、貼文觸及的人數、瀏覽專頁的次數、點擊用戶的分析等資訊，都是粉絲專頁管理者作為產品改進或宣傳方向調整的依據，從這些分析中也可以了解粉絲們的喜好。另外，貼文發佈的時間、貼文標題、類型、觸及人數、互動情況等，也可以在洞察報告中看得一清二楚喔！

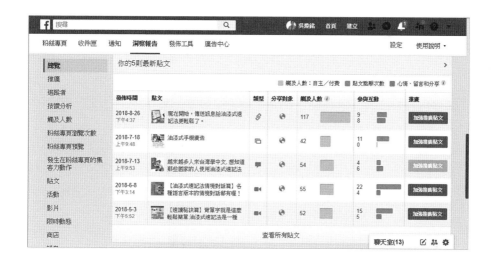

■ 發佈工具

在「發佈工具」標籤中，對於已發佈的貼文能看到各貼文的觸及人數、及實際點擊的人數，另外，發佈的影片實際被觀看的次數也是一目了然，對於粉絲有興趣的內容不妨投入一些廣告預算，讓其行銷範圍更擴大。

12-4 Instagram行銷

　　Instagram也是目前最強大社群行銷工具之一，能快速增加接觸潛在
受眾的機會，尤其是30歲以下的年輕族群，因為它可以將用戶利用智慧
型手機所拍攝下來的相片，透過濾鏡效果處理、相片編修、裝飾物、插
圖、塗鴉線條、心情文字等各種功能，讓相片變得活潑生動而有趣，或
是拍攝創意影片、進行直播等，然後再將成果分享到Facebook、Twitter、
Flickr、Swarm、Tumblr等社群網站。

網紅或藝人
都透過Ins-
tagram與粉
絲們互動，
用以行銷自
己

　　IG是以圖像傳達資訊的有力工具，它的「個人」頁面是以方格狀的顯示所有已分享的相片/影片，網紅、藝人運用這些美麗驚豔的相片影片而大放異彩，吸引更多人的注意與追蹤，這是經營個人風格和商品的最佳平台。方格狀陳列所有畫面，讓作品一覽無遺，不用文字說明也能快速找到想要的目標。

12-4-1 IG的相片功能

　　Instagram有兩個功能可以進行相片拍攝，一個是首頁左上方的「相機」⊙功能，另一個則是位在底端的「新增」⊕頁面，二者都可以進行自拍或拍攝景物，但是二種在畫面尺寸和使用技巧有所不相同：「相機」拍攝的畫面為長方型，拍攝後以手指尖左右滑動來變更濾鏡，或使用兩指尖進行畫面縮放、旋轉等處理，沒有提供明暗調整的功能，但是可以加入文字、塗鴉線條、插圖等，這是它的特點。「新增」拍攝的畫面為正

方形，可套用濾鏡、調整明暗亮度、或進行結構、亮度、對比、顏色、飽和度、暈映等各種編輯功能，著重在相片的編修。

　　各位在「首頁」左上角按下「相機」 📷 鈕將會進入拍照狀態，由下方透過手指左右滑動，即可切換到「一般」進行拍照。

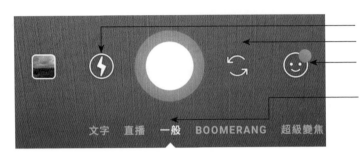

加入閃光燈
自拍／拍景物
加入有趣的人物特效
切換到「一般」拍照模式

　　調整好位置後，按下白色的圓形按鈕進行拍照，之後就是動動手指頭來進行濾鏡的套用和旋轉/縮放畫面，多這一道手續會讓畫面看起來更吸睛強眼。

按此鈕儲存目前的畫面

左右滑動指尖可套用濾鏡

動動拇指、食指可旋轉或縮放畫面

　　各位如果選用「新增」⊕ 功能，在拍攝相片後是透過縮圖樣本來選擇套用的濾鏡，Instagram提供的濾鏡效果有40多種，但是預設值只有顯示25種濾鏡，如果你經常使用濾鏡功能，不妨將所有的濾鏡效果都加入進來。只要進入「濾鏡」標籤，將濾鏡圖示移到最右側會看到「管理」的圖示，請按下該鈕會進入「管理濾鏡」畫面，依序將未勾選的項目勾選起來，離開後就可以看到增設的濾鏡。

　　切換到「編輯」標籤則是有各種編輯功能可選用，「編輯」所提供的各項功能，基本上是透過滑桿進行調整，滿意變更的效果則按下「完成」鈕確定變更即可。

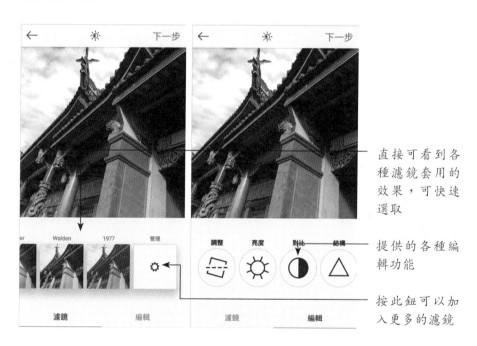

直接可看到各種濾鏡套用的效果，可快速選取

提供的各種編輯功能

按此鈕可以加入更多的濾鏡

12-4-2 用IG拍攝影片

　　Instagram除了拍攝相片外，拍攝影片也是輕而易舉的事。你可以使用「相機」◎ 功能，也可以使用「新增」⊕ 來進行拍攝影片。利用

「新增」所拍攝的影片，其畫面為正方形，可拍攝的時間較長，而且可以分段進行拍攝。使用「相機」功能所拍攝的影片畫面為長方型，可拍攝的時間較短，且以圓形鈕繞一圈的時間為拍攝的長度。拍攝時有「一般」錄影、一按即錄、「直播」影片、「倒轉」影片等選擇方式。

■ 一般錄影

　　按下白色按鈕開始進行動態畫面的攝錄，手指放開案鈕則完成錄影，並自動跳到分享畫面，拍攝長度以彩虹線條繞繞圈圈一周為限。

按下白色圓鈕會開始計時，當彩色線條繞完圓圈一周，就不能再繼續拍攝，影片自動跳到分享畫面

■ 一按即錄

　　選用「一按即錄」鈕，那麼使用者只要在剛開始錄影時按一下圓形按鈕，接著就可以專心拿穩相機拍攝畫面，直到結束時再按下按鈕即可，而時間總長度仍以繞圓周一圈為限。

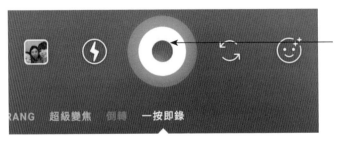

此功能不用一直按著按鈕進行錄影，是拍攝的最佳夥伴

■ 直播影片

選用「直播」，只要按下「開始直播」鈕，Instagram就會通知你的一些粉絲，以免他們錯過你的直播內容。

■ 倒轉影片

選用「倒轉」功能可拍攝約20秒左右的影片，它會自動將拍攝的影片內容從最後面往前播放到最前面。當按下該按鈕時，按鈕外圍一樣會有彩色線條進行運轉計時，環繞一圈就會自動關閉拍攝功能。

將影片反轉倒著播放可以製作出酷炫的影片效果，把生活中最平凡的動作像施展魔法一般變得有趣又酷炫。例如拍攝從上而下跳水、潑水、噴香檳、吹泡泡、飛車等動作，只要稍微發揮你的創意，各種魔法影片就可輕鬆拍攝出來。

透過以上的方式，各位就能盡興地發揮自己的創意與想法，且能快速

完成各種有趣的相片與他人分享。

12-4-3 精緻美美的相片不可少

　　繁複的訊息也能運用美美的相片與IG用戶溝通，相片色彩豐富，精緻而漂亮是吸睛的要點，也是得到讚賞的重要關鍵，運用巧思在圖片上展現創意，如何精心安排畫面構圖，就要看拍攝者的用心！利用Instagram的「濾鏡」功能可以改善畫面的色彩，「編輯」功能則可以進行畫面效果的調整，相片若能融合品牌元素，行銷效果絕對會更好，也可以考慮加入手寫文字來表達訴求的重點，增加新鮮感。

12-4-4 善用相簿功能多樣呈現內容

　　由於Instagram允許貼文中放置十張的相片或影片，所以各位應該多加利用，將商品以多樣方式呈現特點，這樣用戶在瀏覽時就可以更清楚的了解商品，讓店家與用戶的互動變得更豐富有趣，增加購買的信心與慾望。

多樣化呈現商品細節，讓用戶更了解商品

12-4-5 善用主題標籤「#」

　　標籤（Hashtag）是全世界Instagram用戶的共通語言，是行銷操作上很好用的工具，透過標籤功能，全世界用戶都可以搜尋到店家的貼文，只要在字句前加上#，便形成一個標籤。透過主題標籤，用戶可以很快找到自己有興趣的主題或相關貼文，所以在貼文中加入與商品有關的標籤標題，就可以增加被用戶看到的機會，也能迅速增加讚數，並增加消費者參與感。

#台中美食 #台中火鍋 #小火鍋#火鍋 #北屯美食 #強生小吠 #台中 #冊竹園鍋坊 #個人小火鍋 #雙人鍋 #翼坂牛肉 #冬令進補 #一夜干 #昆布鍋 #delicious#foodie #igfood #foodstagram #foodphotography #foods #2eat2gether #foodgasm #instafood #foodpron #hotpot #instahotpot	#taichung #taichungfood #foodie #ig_taiwan #igerstaiwan #vscotaiwan #ig_food #igersfood #vscofood #vscodessert #popyummy #popdaily #strawberrytart #matchacake #matcha #matchadessert #matchalover #igfoodie #igfood #台中 #美食 #臺中 #甜點 #台中美食 #台中甜點 #抹茶 #甜點控 #抹茶控 #手機食先 #草莓

　　如上所示，除了地域性標籤、產品屬性、產品名稱、英文標籤、或是熱門的標籤排行榜，商家都應該考慮進去，相關程度較高的標籤也能為你的貼文帶來更多曝光機會，同時透過標籤功能，也可以接收其他人類似的訊息，請各位用心了解多數Instagram用戶喜歡的主題，再斟酌自家商品特點，才能擬出較恰當而不會惹人厭的主題標籤。

　　主題標籤的使用除了應用在主題的搜尋外，在貼文中、相片中、影片中，你都可以加以活用。你也可以像星巴克一樣自創主題標籤，不管是「#好友分享」、「#星想餐」等，都能讓它的粉絲自動上傳相片，成為星巴克的最佳廣告。

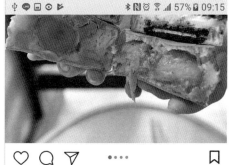

12-4-6 建立網站連結資訊

　　使用Instagram行銷自家商品時，建議帳號名稱可以取一個與商品相關的好名字，並添加「Store」或「Shop」的關鍵字，以方便用戶的搜尋。如下所示，輸入「上衣」或「外套」等字眼，有「shop」的字也會一併被搜尋到，增加曝光的機會。

　　如果你有自己的電子購物網站，最好也加入到個人檔案當中。請由個人頁面 👤 的右上方按下「選項」鈕 ⋮ 鈕，接著點選「編輯個人檔案」的選項，就可以在「網站」的欄位輸入購物網站的網址，以及在「個人簡介」的欄位中介紹自家商品。

　　對消費者來說，社群媒體往往是能最直接接觸到店家的地方，商家在Instagram所發佈的貼文，也可以考慮同步 發佈到Facebook、Twitter、Tumblr等社群網站，就是透過交叉推廣的方式，觸發合作社群的商機。請在「選項」頁面中點選「已連結的帳號」，就會看到如左下圖的畫面，

只要各位有該網站帳戶與密碼,輸入帳密之後經過授權,如右下圖所示,就可以與Instagram帳戶產生連結。這樣在做行銷推廣時,不但省時省力,也能讓更多人看到你的貼文內容。

　　除了上述的方式讓Instagram與其他社群網站產生連結關係,增加曝光機會外,「選項」頁面中還有一項「切換到商業檔案」的功能。此功能可以連結到臉書的粉絲專頁,讓顧客直接透過個人檔案上的按鈕與你聯絡,商業用戶也可以透過洞察報告了解粉絲情況並查看貼文成效,就跟臉書的粉絲專頁所顯示的內容差不多。如果不喜歡商業帳號,隨時都可以切換回個人帳號,只是商業檔案的相關功能與紀錄會消失而已,如果各位有興趣不妨試用看看。

本章習題

1. 什麼是金融科技（Financial Technology, FinTech）？

2. 什麼是社群行銷（Social Media Marketing）？

3. 累進式行銷過程可分為哪四個階段？

4. 請簡述社群行銷的特性。

5. 請說明在社群網站中「粉絲」跟「朋友」的差異。

6. 請簡介Instagram。

7. 請簡介限時動態（Stories）功能。

8. Instagram有哪些登入的方式？

第十三章

電子商務倫理與相關法律

　　電子商務是在網路經濟全球化的浪潮下所產生的新經濟模式,從經濟型態而言,電子商務確實改變了傳統實體交易的型態,只要透過電子化技術與網路就可以進行金流、物流與資訊流,大幅節省行銷成本與通路時間。

經濟部電子商務法制網站

　　許多前所未有的操作與交易模式產生，例如線上交易、線上金融、網路銀行、隱私權保護、電子憑證、數位簽章、消費者保護等課題。近年來有關電子商務的倫理與相關法律爭議，進而影響對電子商務推動的進度與合法性的討論。由於電子商務模式正不斷地推陳出新，適當解決衍生的法律問題與消費紛爭，成為政府與民間在推動電子商務時最急需面對的重要課題。

13-1 資訊倫理與素養

　　網路文化的特性是在網路世界的普遍性中，即使是位於社會網路中最底層的人，也都與其它占據較優勢社會地位的人一樣，在網路中擁有同等機會與地位來陳述他們自己的意見。甚至透過大眾討論與交流的管道，搖身一變成為影響社會的重大力量，俗稱為婉君（網軍）。在網路世界上，雖然並無國界可言，可以無限延伸人類的視野，但是網路世界並非就因此就不受原本現實世界的法律或倫理所拘束。

部落格的快速流行引發了許多著作權討論與問題

　　網路其實正默默地在主導一個人類新文明的成型，當然也帶來了對於傳統文化與倫理的衝擊。由於網路的特性，具有公開分享、快速、匿名等因素，在社會中產生了愈來愈多的倫理價值改變與偏差行為，因此資訊倫理的議題愈來愈受到各界廣泛的重視。

13-1-1 資訊倫理的定義

　　倫理是一個社會的道德規範系統，賦予人們在動機或行為上判斷的基準，也是存在人們心中的一套價值觀與行為準則。對於擁有龐大人口的電腦相關族群，當然也須有一定的道德標準來加以規範，這就是「資訊倫理」所將要討論的範疇。

　　資訊倫理的適用對象，包含了廣大的資訊從業人員與使用者，範圍則涵蓋了使用資訊與網路科技的態度與行為，包括資訊的搜尋、檢索、儲存、整理、利用與傳播，凡是探究人類使用資訊行為對與錯之道德規範，均可稱為資訊倫理。

13-1-2 資訊素養

　　所謂「水能載舟，亦能覆舟」，資訊網路科技雖然能夠造福人類，不過也帶來新的危機。網際網路架構協會（Internet Architecture Board, IAB）主要是負責於網際網路間的行政和技術事務監督與網路標準和長期發展，就曾將以下網路行為視為不道德：

1. 在未經任何授權情況下，故意竊用網路資源。
2. 干擾正常的網際網路使用。
3. 以不嚴謹的態度在網路上進行實驗。
4. 侵犯別人的隱私權。
5. 故意浪費網路上的人力、運算與頻寬等資源。
6. 破壞電腦資訊的完整性。

　　二十一世紀資訊技術將帶動全球資訊環境的變革，隨著知識經濟時代的來臨與多元文化的社會發展，除了人文素養訴求外，資訊素養的訓練與資訊倫理的養成，也愈來愈受到重視。素養一詞是指對某種知識領域的感知與判斷能力，例如英文素養，指的就是對英國語文的聽、說、讀、寫綜合能力，資訊素養（Information Literacy）可以看成是個人對於資訊工具與網路資源價值的了解與執行能力，更是未來資訊社會生活中必備的基本能力。

　　資訊素養的核心精神是在訓練普羅大眾，在符合資訊社會的道德規範下應用資訊科技，對所需要的資訊能利用專業的資訊工具，有效地查詢、組織、評估與利用。McClure教授於1994年時，首度清楚將資訊素養的範圍劃分為傳統素養（traditional literacy）、媒體素養（media literacy）、電腦素養（computer literacy）與網路素養（network literacy）等數種資訊能力的總合，分述如下：

■傳統素養（traditional literacy）：個人的基本學識，包括聽說讀寫及一般的計算能力。

■媒體素養（media literacy）：在目前這種媒體充斥的年代，個人使用媒體與還要善用媒體的一種綜合能力，包括分析、評估、分辨、理解與判斷各種媒體的能力。

■電腦素養（computer literacy）：在資訊化時代中，指個人可以用電腦軟硬體來處理基本工作的能力，包括文書處理、試算表計算、影像繪圖等。

■網路素養（network literacy）：認識、使用與處理通訊網路的能力，但必須包含遵守網路禮節的態度。

13-2 PAPA理論

　　資訊倫理就是與資訊利用和資訊科技相關的價值觀，本章中我們將引用Richard O. Mason在1986年時，提出以資訊隱私權（Privacy）、資訊精確性（Accuracy）、資訊所有權（Property）、資訊使用權（Access）等四類議題來界定資訊倫理，因而稱為PAPA理論。

13-2-1 資訊隱私權

　　隱私權在法律上的見解，即是一種「獨處而不受他人干擾的權利」，屬於人格權的一種，是為了主張個人自主性及其身分認同，並達到維護人格尊嚴為目的。「資訊隱私權」則是討論有關個人資訊的保密或予以公開的權利，包括什麼資訊可以透露？什麼資訊可以由個人保有？也就是個人有權決定對其資料是否開始或停止被他人收集、處理及利用的請求，並進而擴及到什麼樣的資訊使用行為，可能侵害別人的隱私和自由的法律責任。

只有信譽良好的電子商務業者，才能使資訊隱私權得到充份保障

　　例如未經同意將個人的肖像、動作或聲音，透過網路傳送到其他人的電腦螢幕上，這都是嚴重侵害隱私權的行為。美國科技大廠Google也十分注重使用者的隱私權與安全，當Google地圖小組在收集街景服務影像時會進行模糊化處理，讓使用者無法認出影像中行人的臉部和車牌，以保障個人隱私權，避免透露入鏡者的身分與資料。如果使用者仍然發現不當或爭議內容都可以隨時向Google回報協助儘快處理。

　　或者像是企業監看員工電子郵件內容，在於僱主與員工對電子郵件的性質認知不同，也將同時涉及企業利益與員工隱私權的爭議性。就僱主角度言，員工使用公司的電腦資源，本應該執行公司的相關業務，雖然在管理上的確有需要調查來往通訊的必要性，但如此廣泛的授權卻可能被濫用，因為任何監看私人電子郵件的舉動，都可能會構成侵害資訊隱私權的事實。

13-2-2 資訊精確性

當資訊時代的來臨，隨著資訊系統的使用而快速傳播，並迅速地深入生活的每一層面，當然錯誤的資訊也無所不在，嚴重影響我們的生活。例如電腦有相當精確的運算能力，即便遠在外太空中人造衛星的航道計算及洲際飛彈的試射，透過電腦精準的監控，可以精密計算出數千公里以外的軌道與彈著點，而且誤差範圍在數公尺以內。

試想如果輸入電腦的資訊有誤，而導致飛彈射錯位置，那後果就不堪設想。過去在波灣戰爭中，一次電腦系統的些微出錯，美國發射的愛國者飛彈落在美軍軍營，造成人員嚴重傷亡。

一般來說，來自網路電子公布欄的匿名信件或留言，瀏覽者很難就其所獲得的資訊逐一求證。一旦在網路上發表，理論上就能瞬間到世界的每一個角落，很容易造成錯誤的判斷與決策，而且許多言論所造成的傷害難以事後彌補。例如有人謊稱哪裏遭到恐怖攻擊，甚至造成股市大跌，多少投資人血本無歸。更有人提供錯誤的美容小偏方，讓許多相信的網友深受其害，皮膚反而潰爛不堪，但卻是求訴無門。

　　資訊不精確也會給現代社會與企業組織帶來極大的風險，其中包括了資訊提供者、資訊處理者、資訊媒介體與資訊管理者四方面。資訊精確性的精神就在討論資訊使用者擁有正確資訊的權利或資訊提供者提供正確資訊的責任，也就是除了確保資訊的正確性、真實性及可靠性外，還要規範提供者如提供錯誤的資訊，所必須負擔的責任。

13-2-3 資訊財產權

　　在現實的生活中，一份實體財產要複製或轉移都相當不易，例如一台汽車如果要轉手，非得到要到監理單位辦上一堆手續，更不用談複製一台汽車了，那乾脆重新跟車行買一臺新車可能還更划算。資訊產品的研發，一開始可能要花上大筆費用，完成後資訊產品本身卻很容易重製，這使得資訊產權的保護，遠比實物產權來得困難。

　　由於資訊類的產品是以數位化格式檔案流通，所以很容易產生非法複製的情況，加上燒錄設備的普及與網路下載的推波助瀾下，使得侵權問題日益嚴重。例如在網路或部路落格上分享未經他人授權的MP3音樂，其中像美國知名的音樂資料庫網站MP3.com，提供消費者MP3音樂下載的服務，就遭到美國五大唱片公司指控其大量侵犯他們的著作權。或者有些公司員工在離職後，帶走在職其間所開發的軟體，並在新公司延續之前的設計，這都是涉及了侵犯資訊財產權的行為。

KKbox的歌曲都是取得唱片公司的合法授權

圖片來源http://www.kkbox.com.tw/funky/index.html

　　資訊財產權的意義就是指資訊資源的擁有者對於該資源所具有的相關附屬權利，包括了在什麼情況下可以免費使用資訊？什麼情況下應該付費或徵得所有權人的同意方能使用？簡單來說，就是要定義出什麼樣的資訊使用行為算是侵害別人的著作權，並承擔哪些責任。

　　我們再來討論YouTube上影片使用權的問題，許多網友經常隨意把他人的影片或音樂放上YouTube供人欣賞瀏覽，雖然沒有營利行為，但也造成了許多糾紛，甚至有人控告YouTube不僅非法提供平台讓大家上載影音檔案，還積極地鼓勵大家非法上傳影音檔案，這就是盜取別人的資訊財產權。

YouTube上的影音檔案也擁有資訊財產權

　　後來YouTube總部引用美國1998年數位千禧年著作權法案（DMCA），內容是防範任何以電子形式（特別是在網際網路上）進行的著作權侵權行為，其中訂定有相關的免責的規定，只要網路服務業者（如YouTube）收到著作權人的通知，就必須立刻將被指控侵權的資料隔絕下架，網路服務業者就可以因此免責。

13-2-4 資訊使用權

　　不論對一個國家或企業而言，資訊與網路設備所耗費的成本都是相當驚人，但是否能享有此資訊取用權的公平性確是頗受質疑，最明顯的例子就是城鄉差距的問題。但在其它偏遠山區的居民可能連基本撥接式上網的功能都顯得遙不可及。就如《全民公敵》電影中的劇情，就是一個探討資訊使用權最經典的範例。在政府機構中的某個單位，擁有無上限取得每一個個人資料的權利，但這又對隱私權的保護造成了衝突。或者有些不肖的公職人員，將原本應該依法保管的資料庫販售圖利，造成詐嚴重的治安問

題。之前有一個案例就是當警方破獲一個信用卡盜刷集團時，竟然發現了許多政府高官的個人身分資料。

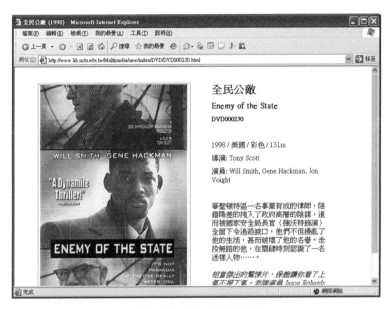

《全民公敵》電影海報

資訊使用權最直接的目的，就是在探討維護資訊使用的公平性，包括如何維護個人對資訊使用的權利？如何維護資訊使用的公平性？與在哪個情況下，組織或個人所能取用資訊的合法範圍。

13-3 智慧財產權

說到財產權，一般人可能只會聯想到不動產或動產等有形體與價值的所有物，因為時代的不斷進步，無形財產的價值也愈受到重視，就是人類智慧所創造與發明的無形產品，內容包羅萬象，包括了著作、音樂、圖畫、設計等泛智慧型產品，而國家以立法方式保護這些人類智慧產物與創作人得專屬享有之權利，就叫做「智慧財產權（Intellectual Property

Rights, IPR）」。隨著資訊科技與網路的快速發展，網際網路已然成為全世界最大的資訊交流平台，「智慧財產權」所牽涉的範圍也愈來愈廣，在各位輕易及快速透過網路取得所需資訊的同時，都使得資訊智慧財產權歸屬與侵權的問題愈顯複雜。

13-3-1 智慧財產權的範圍

「智慧財產權」（Intellectual Property Rights, IPR），必須具備「人類精神活動之成果」與「產生財產上價值」之特性範圍，同時也是一種「無體財產權」，並由法律所創設之一種權利。智慧財產權立法目的，在於透過法律，提供創作或發明人專有排他的權利，包括了「商標權」、「專利權」、「著作權」。

權利的內容涵蓋人類思想、創作等智慧的無形財產，並由法律所創設之一種權利。或者可以看成是在一定期間內有效的「知識資本」（Intellectual capital）專有權，例如發明專利、文學和藝術作品、表演、錄音、廣播、標誌、圖像、產業模式、商業設計等。分述如下：

■著作權：指政府授予著作人、發明人、原創者一種排他性的權利。著作權是在著作完成時立即發生的權利，也就是說著作人享有著作權，不須要經由任何程序，當然也不必登記。

■專利權：專利權是指專利權人在法律規定的期限內，對保其發明創造所享有的一種獨占權或排他權，並具有創造性、專有性、地域性和時間性。但必須向經濟部智慧財產局提出申請，經過審查認為符合專利法之規定，而授與專利權。

■商標權：「商標」是指企業或組織用以區別自己與他人商品或服務的標誌，自註冊之日起，由註冊人取得「商標專用權」，他人不得以同一或近似之商標圖樣，指定使用於同一或類似商品或服務。

13-4 著作權

　　著作權則是屬於智慧財產權的一種，我國也在保護著作人權益，調和社會利益，促進國家文化發展，制定著作權法。所謂著作，從法律的角度來解釋，是屬於文學、科學、藝術或其他學術範圍的創作，包括語言著作及視聽製作，但不包括如憲法、法律、命令或政府公文，或依法令舉行的各種考試試題。我國著作權法對著作的保護，採用「創作保護主義」，而非「註冊保護主義」而著作權內容則是指因著作完成，就立即享有這項著作著作權，須要經由任何程序，於著作人之生存期間及其死後五十年。至於著作權的內容則包括以下項目。

13-4-1 著作人格權

　　保護著作人之人格利益的權利，為永久存續，專屬於著作人本身，不得讓與或繼承。細分以下三種：

- 姓名表示權：著作人對其著作有公開發表、出具本名、別名與不具名之權利。
- 禁止不當修改權：著作人就此享有禁止他人以歪曲、割裂、竄改或其他方法改變其著作之內容、形式或名目致損害其名譽之權利。例如要將金庸的小說改編成電影，金庸就能要求是否必須忠於原著，能否省略或容許不同的情節。
- 公開發表權：著作人有權決定他的著作要不要對外發表，如果要發表的話，決定什麼時候發表，以及用什麼方式來發表，但一經發表這個權利就消失了。

13-4-2 著作財產權

　　即著作人得利用其著作之財產上權利，包括以下項目：

- 重製權：是指以印刷、複印、錄音、錄影、攝影、筆錄或其他方法有形

之重複製作,是著作財產權中最重要的權利,也是著作權法最初始保護的對象。著作權係法律所賦予著作權人之排他權,未經同意,他人不得以任何方式引用或重複使用著作物,所以任何人要重製別人的著作,都要經過著作人的同意。

■ 公開口述權:僅限於語文著作有此項權利,是指用言詞或其他方法向公眾傳達著作內容的行為。

■ 公開播放權:指基於公眾直接收聽或收視為目的,以有線電、無線電或其他器材之傳播媒體傳送訊息之方法,藉聲音或影像,向公眾傳達著作內容。其中傳播媒體包括電視、電台、有線電視、廣播衛星或網際網路等。

■ 公開上映權:以單一或多數視聽機或其他傳送影像之方法,於同一時間向現場或現場以外一定場所之公眾傳達著作內容。

■ 公開演出權:是指以演技、舞蹈、歌唱、彈奏樂器或其他方法向現場之公眾傳達著作內容。

■ 公開展示權:是特別指未發行的美術著作或攝影著作的著作人享有決定是否向公眾展示的權利。

■ 公開傳輸權:指以有線電、無線電之網路或其他通訊方法,藉聲音或影像向公眾提供或傳達著作內容,包括使公眾得於其各自選定之時間或地點,以上述方法接收著作內容。

■ 改作權:是指以翻譯、編曲、改寫、拍攝影片或其他方法就原著作另為創作。因此改作別人的著作,就必須徵得著作財產權人的同意。

■ 編輯權:是指著作權人有權決定自己的著作,是否要被選擇或編排在他人的編輯著作中。其實編輯權是常見的社會現象,像是某個年度的排行榜精選曲。

■ 出租權:是指著作原件或其合法著作重製物之所有人,得出租該原件或重製物。也就是把著作出租給別人使用,而獲取收益的權利。例如市面上一些DVD影碟出租店將DVD出租給會員在家觀看之用。

■散布權：指著作人享有就其著作原件或著作重製物對公眾散布或所有權
　移轉之專有權利。例如販賣盜版CD、畫作、錄音帶等實體物之著作內
　容傳輸，等皆屬侵害散布權，但透過電台或網路所作的傳輸則不屬於散
　布權的範圍。

13-4-3 合理使用原則

　　基於公益理由與基於促進文化、藝術與科技之進步，為避免過度之保
護，且為鼓勵學術研究與交流，法律上乃有合理使用原則。所謂著作權法
的「合理使用原則」，就是即使未經著作權人之允許而重製、改編及散布
仍是在合法範圍內。其中的判斷標準包括使用的目的、著作的性質、占原
著作比例原則與對市場潛在影響等。

　　例如為了教育目的之公開播送、學校授課需要之重製、時事報導之利
用、公益活動之利用、盲人福利之重製與個人或家庭非營利目的之重製等
等。在著作的合理使用原則下，不構成著作財產權之侵害，但對於著作人
格權並不生影響。或者對於研究、評論、報導或個人非營利使用等目的，
在合理的範圍之內，得引用別人已經公開發表的著作。也就是說，在這種
情形之下，不經著作權人同意，而不會構成侵害著作權。

　　在此要特別提醒大家注意的是，即使某些合理使用的情形，也必須明
示出處，寫清楚被引用的著作的來源。當然最佳的方式是在使用他人著作
之前，能事先取得著作人的授權。

13-4-4 電子簽章法

　　由於傳統的法律規定與商業慣例，限制了網上交易的發展空間，我國
政府於民國九十年十一月十四日為推動電子交易之普及運用，確保電子交
易之安全，促進電子化政府及電子商務之發展，特制定電子簽章法，並自
2002年4月1日開始施行。

電子簽章法的目的就是希望透過賦予電子文件和電子簽章法律效力，建立可信賴的網路交易環境，使大眾能夠於網路交易時安心，還希望確保資訊在網路傳輸過程中不易遭到偽造、竄改或竊取，並能確認交易對象真正身分，並防止事後否認已完成交易之事實。除了網路之交易行為外，並就電子文件之效力也提出相關的規範，藉由電子簽章法的制訂，建立合乎標準的憑證機構管理制度，並賦與電子訊息具有法律效力，降低電子商務之障礙。

13-4-5 個人資料保護法

隨著科技與網路的不斷發展，資訊得以快速流通，存取也更加容易，特別是在享受電子商務帶來的便利與榮景時，也必須承擔個資容易外洩、甚至被不當利用的風險，因此個人資料保護的議題也就愈來愈受到各界的重視。近年來一直不斷發生電子商務網站個人資料外洩的事件，如何加強保護甚至妥善因應個資法，是電子商務產業面臨一大挑戰。

為了遏止網購業者洩露個資而讓網路詐騙有機可乘，經過各界不斷的呼籲與努力，法務部組成修法專案小組於民國93年間完成修正草案，歷經數年審議，終於民國99年4月27日完成三讀，同年5月26日總統公布「個人資料保護法」，其餘條文行政院指定於民國101年10月1日施行。在新版個資法尚未修訂前，法務部就已將無店面零售業列入「電腦處理個人資料保護法」的指定適用範圍。個資法立法目的為規範個人資料之蒐集、處理及利用，個資法的核心是為了避免人格權受侵害，並促進個人資料合理利用。這是對台灣的個人資料保護邁向新里程碑的肯定，但也意味著，各主管機關、公司行號，及全台2300萬人民，日後必須遵守、了解新版個資法的相關規範，與其所帶來的衝擊。

所謂的個人資料，根據個資法第一章第二條第一項：「指自然人之姓名、出生年月日、身分證統一編號、護照號碼、特徵、指紋、婚姻、家

庭、教育、職業、病歷、醫療、基因、性生活、健康檢查、犯罪前科、聯絡方式、財務情況、社會活動及其他得以直接或間接方式識別該個人之資料」。

在電子商務平台上面的賣家，無論是有實體的店面，有些會使用身分證字號做為使用者帳號，這類資料都是個人資料的一部分，都在新版個資法所適用的範圍內，同樣都需要對個人資料進行保護。舉例來說，在拍賣網站上所使用的賣家名稱，因為無法直接判別個人，所以賣家名稱並不屬於個人資料，但是賣家的聯絡電話、電子郵件、或是匯款帳號，則是屬於個人資料的一部分，個資法更加強了保障個人隱私，遏止過去個人資料嚴重的不當使用。

過去台灣企業對個資保護一直著墨不多，導致民眾個資取得容易，造成詐騙事件頻傳，尤其新版個資法上路後，要求商家應當採取適當安全措施，以防止個人資料被竊取、竄改或洩漏，否則造成資料外洩或不法侵害，企業或負責人可能就得承擔個資刑責及易科罰金。

13-5 網路著作權

在網際網路尚未普及的時期，任何盜版及侵權行為都必須有實際的成品（如影印本及光碟）才能實行。不過在這個高速發展的數位化網際網路環境裡，其中除了網站之外，也包含多種通訊協定和應用程式，資訊分享方式更不斷推陳出新。數位化著作物的重製非常容易，只要一些電腦指令，就能輕易的將任何的「智慧作品」複製與大量傳送。

雖然網路是一個虛擬的世界，但仍然要受到相關法令的限制，也就是包括文章、圖片、攝影作品、電子郵件、電腦程式、音樂等，都是受著作權法保護的對象。我們知道網路著作權仍然受到著作權法的保護，不過在我國著作權法的第一條中就強調著作權法並不是專為保護著作人的利益而制定，尚有調和社會發展與促進國家文化發展的目的。

基本上，網路平台上即使未經著作權人允許而重製、改編及散布仍是有限度可以，因此並不是網路上的任何資訊取得及使用都屬於違法行為，但是要界定合理使用原則目前仍有相當的爭議。

很多人誤以為只要不是商業性質的使用，就是合理使用，其實未必。例如單就個人使用或是學術研究等行為，就無法完全斷定是屬於侵犯智慧財產權，網路著作權的合理使用問題很多，本節將進行討論。

13-5-1 網路流通軟體介紹

由於資訊科技與網路的快速發展，智慧財產權所牽涉的範圍也愈來愈廣，例如網路下載與燒錄功能的方便性，都使得所謂網路著作權問題愈顯複雜。例如網路上流通的軟體就可區分為三種，分述如下：

軟體名稱	說明與介紹
免費軟體（Freeware）	擁有著作權，在網路上提供給網友免費使用的軟體，並且可以免費使用與複製。不過不可將其拷貝成光碟，將其販賣圖利。
公共軟體（Public domain software）	作者已放棄著作權或超過著作權保護期限的軟體。
共享軟體（Shareware）	擁有著作權，可讓人免費試用一段時間，但如果試用期滿，則必須付費取得合法使用權。

其中像「免費軟體」與「共享軟體」仍受到著作權法的保護，就使用方式與期限仍有一定限制，如果沒有得到原著作人的許可，都有侵害著作權之虞。即使是作者已放棄著作權的公共軟體，仍要注意著作人格權的侵害問題。以下我們還要介紹一些常見的網路著作權爭議問題：

13-5-2 網站圖片或文字

　　某些網站都會有相關的圖片與文字，若未經由網站管理或設計者的同意就將其加入到自己的頁面內容中就會構成侵權的問題。或者從網路直接下載圖片，然後在上面修正圖形或加上文字做成海報，如果事前未經著作財產權人同意或授權，都可能侵害到重製權或改作權。至於自行列印網頁內容或圖片，如果只供個人使用，並無侵權問題，不過最好還是必須取得著作權人的同意。不過如果只是將著作人的網頁文字或圖片作為超連結的對象，由於只是讓使用者作為連結到其他網站的識別，因此是否涉及到重製行為，仍有待各界討論。

13-5-3 超連結的問題

　　所謂的超鏈結（Hyperlink）是網頁設計者以網頁製作語言，將他人的網頁內容與網址連結至自己的網頁內容中。例如各位把某網站的網址加入到頁面中，如http://www.google.com.tw，雖然涉及了網址的重製問題，但因為網址本身並不屬於著作的一部分，故不會有著作權問題，或是單純的文字超鏈結，只是單純文字敘述，應該也未涉及著作權法規範的重製行為。如果是以圖像作為鏈結按鈕的型態，因為網頁製作者已將他人圖像放置於自己網頁，似乎已有發生重製行為之虞，不過這已成網路普遍之現象，也有人主張是在合理使用範圍之內。

　　此外，國內盛行網路部落格文化，並以悅耳的音樂來吸引瀏覽者，曾經有一位部落格版本只是用HTML語法的框架將音樂播放器崁入網頁中，就被檢察官起訴侵害著作權人之公開傳輸權。因此各位在設計網站架構時，除非取得被連結網站主的同意，否則我們會建議儘可能不要使用視窗連結技術。

13-5-4 轉寄電子郵件

電子郵件可以說是Internet上最重要、應用也是最廣氾的服務。除了資訊交流以外，大部分的人也習慣將文章及圖片或他人的E-mail，以附件方式再轉寄給朋友或是同事一起分享。電子郵件的附件可能是文章或他人之信件或文字檔、音樂檔、圖形檔、電腦程式壓縮檔等，這些檔案依其情形也等同有各別的著作權，但是這種行為已不知不覺涉及侵權行為。有些人喜歡未經當事人的同意，而將寄來的E-mail轉寄給其他人，這可能侵犯到別人的隱私權。如果是未經網頁主人同意，就將該網頁中的文章或圖片轉寄出去，就有侵犯重製權的可能。不過如果只是將該網頁的網址（URL）轉寄給朋友，就不會有侵犯著作權的問題了。

13-5-5 暫時性重製

一般說來，資訊內容在電腦中運作時就會產生重製的行為。例如各位在電腦中播放音樂或影片時，此時記憶體中必定會產生和其相同的一份資料以供播放運作之用，這就算是一種重製。不僅如此，利用硬碟中暫存區空間所放置的資料（原意是用來加快讀取的速度），在法律上而言，也是屬於重製的行為。

而在電腦與網路行為有涉及重製權的部份，包括上傳（upload）、下載（download）、轉貼（repost）、傳送（forward）、將著作存放於硬碟〔或磁碟、光碟、隨機存取記憶體（RAM）、唯讀記憶體（ROM）〕、列印（print）、修改（modify）、掃描（scan）、製作檔案或將BBS上屬於著作性質資訊製作成精華區等。

不過按照世界貿易組織「與貿易有關之智慧財產權協定」第九條提到，修正「重製」之定義，使包括「直接、間接、永久或暫時」之重複製作。另增訂特定之暫時性重製情形不屬於「重製權」之範圍。

例如我們使用電腦網路或影音光碟機來觀賞影片、聆聽音樂、閱讀文章、觀看圖片時，這些影片、音樂、文字、圖片等影像或聲音，都是先

透過機器之作用而「重製儲存」在電腦或影音光碟機內部的RAM後，再顯示在電視螢幕上。聲音則是利用音響設備來播放，當關機的同時這些資訊也就消失了，這種情形就是一種「暫時性重製」的現象。這是屬與技術操作過程中必要的過渡性與附帶性流程，並不具獨立經濟意義的暫時性重製，因此不屬於著作人的重製權範圍，不必獲得同意。

不過日前行政院所通過的「著作權法」修正草案，已將暫時性重製明列為著作權法重製的範圍，但為讓使用人有合理使用的空間，增列重製權的排除規定。也就是說，網路使用者瀏覽網頁內容時的資料暫存或傳輸過程中必要的暫時性重製，都是該條合理使用的範圍。以後單純上網瀏覽網頁內容，收聽音樂或觀賞電影，都不會構成著作權侵害。

13-5-6 網域名稱權爭議

在網路發展的初期，許多人都只把「網域名稱」（Domain name）當成是一個網址而已，扮演著類似「住址」的角色，後來隨著網路技術與電子商務模式的蓬勃發展，企業開始留意網域名稱也可擁有品牌的效益與功用，因為網域名稱不僅是讓電腦連上網路而已，還應該是企業的一個重要形象的意義，特別是以容易記憶及建立形象的名稱，更提升為辨識企業提供電子商務或網路行銷的表徵，成為一種有利的網路行銷工具。由於「網域名稱」採取先申請先使用原則，許多企業因為尚未意識到網域名稱的重要性，導致無法以自身商標或公司名稱作為網域名稱。近年來網路出現了出現了一群搶先一步登記知名企業網域名稱的「域名搶註者」（Cybers-quatter），俗稱為「網路蟑螂」，讓網域名稱爭議與搶註糾紛日益增加，不願妥協的企業公司就無法取回與自己企業相關的網域名稱。政府為了處理域名搶註者所造成的亂象，或者網域名稱與申訴人之商標、標章、姓名、事業名稱或其他標識相同或近似，台灣網路資訊中心（TWNIC）於2001年3月8日公布「網域名稱爭議處理辦法」，所依循的是ICANN（Internet Corporation for Assigned Names and Numbers）制訂之「統一網域名稱爭議解決辦法」。

13-5-7 侵入他人電腦

　　網路駭客侵入他人的電腦系統，不論是有無破壞行為，都已構成了侵權的舉動。之前曾發生有人入侵政府機關網站，並將網頁圖片換成色情圖片。或者有學生入侵學校網站竄改成績。這樣的行為已經構成刑法「入侵電腦罪」、「破壞電磁紀錄罪」、「干擾電腦罪」等，應該依相關規定處分。如果是更動電腦中的資料，由於電磁紀錄也屬於文書之一種，因此還會涉及偽造文書罪或毀損文書罪。

13-6 創用CC授權簡介

台灣創用CC的官網

　　隨著數位化作品透過網路的快速分享與廣泛流通，各位應該都有這樣的經驗，有時因為電商網站設計或進行網路行銷時，需要到網路上找素材（文章、音樂與圖片），不免都會有著作權的疑慮，一般人因為害怕造成侵權行為，卻也不敢任意利用。近年來網路社群與自媒體經營盛行，例如一些網路知名電商社群時時常有轉載他人原創內容的需求，因此被檢舉侵犯著作權而造成不少風波，也讓人再次思考網路著作權的議題。不過現代人觀念的改變，多數人也樂於分享，總覺得獨樂樂不如眾樂樂，也有愈來愈多人喜歡將生活點滴以影像或文字記錄下來，並透過許多社群來分享給普羅大眾。

　　因此對於網路上著作權問題開始產生了一些解套的方法，在網路上也發展出另一種新的著作權分享方式，就是目前相當流行的「創用CC」授權模式。基本上，創用CC授權的主要精神是來自於善意換取善意的良性循環，不僅不會減少對著作人的保護，同時也讓使用者在特定條件下能自由使用這些作品，並因應各國的著作權法分別修訂，許多共享或共筆的網站服務都採用此種授權方式，讓大眾都有機會共享智慧成果，並激發出更多的創作理念。

　　所謂創用CC（Creative Commons）授權是源自著名法律學者美國史丹佛大學Lawrence Lessig教授於2001年在美國成立Creative Commons非營利性組織，目的在提供一套簡單、彈性的「保留部分權利」（Some Rights Reserved）著作權授權機制。「創用CC授權條款」分別由四種核心授權要素（「姓名標示」、「非商業性」、「禁止改作」以及「相同方式分享」），組合設計了六種核心授權條款（姓名標示、姓名標示—禁止改作、姓名標示—相同方式分享、姓名標示—非商業性、姓名標示—非商業性—禁止改作、姓名標示—非商業性—相同方式分享），讓著作權人可以透過簡單的圖示，針對自己所同意的範圍進行授權。創用CC的四大授權要素說明如下：

標誌	意義	說明
(i)	姓名標示	允許使用者重製、散布、傳輸、展示以及修改著作，不過必須按照作者或授權人所指定的方式，標示出原著作人的姓名。
(=)	禁止改作	僅可重製重製、散布、展示作品，不得改變、轉變或進行任何部份的修改與產生衍生作品。
($)	非商業性	允許使用者重製、散布、傳輸以及修改著作，但不可以為商業性目的或利益而使用此著作。
(ↄ)	相同方式分享	可以改變作品，但必須與原著作人採用與相同的創用CC授權條款來授權或分享給其他人使用。也就是改作後的衍生著作必須採用相同的授權條款才能對外散布。

本章習題

1. 在公開場所播放或演唱別人的音樂或錄音著作，應徵得著作權人的同意或授權，至於同意或授權的條件，該找誰談？

2. 小華把小丁寫給小美的情書，偷偷拿給其他同學看，這樣是否有侵權的行為？為什麼？

3. 試說明資訊精確性的精神所在。

4. 何謂公開傳輸權？試說明之。

5. 試簡述重製權的內容與刑責。

6. 何謂「快取」（caching）功能？有哪兩種？

7. 網路駭客侵入他人的電腦系統，可能觸犯哪些刑責？

8. 試舉實例說明公開演出權。

9. 自己購買了一套電影DVD，能否自己燒錄一份當作備份DVD，但有時又把這備份借給同學欣賞，這種行為對嗎？

CHAPTER

13

10. 有一視覺傳達系的同學拍攝一影片做為畢業展之用，但影片有一畫面出現了美術館中展示的個人畫作，請問這樣是否會有著作權之爭議？

11. 小華購買了一套正式版單機作業系統軟體，灌進自己和姐姐的電腦中，這有侵權的問題嗎？

12. 試說明著作人格權的內容有哪三種？

13. 著作權的「合理使用原則」有哪幾項原則？

14. 請問電腦程式合法持有人擁有的權利為何？

15. 當著作人死亡後，能再享受多長年限的著作權保護，如遇侵權行為，試說明賠償的優先權。

16. 請簡述資訊倫理的適用對象與定義。

17. 什麼是資訊素養（Information Literacy）？

18. 試簡述 PAPA理論。

第十四章

電子商務的展望與未來

　　由於電子商務不受天候、時間、地點的限制，產品項目選擇眾多，通路也很快速方便，電子商務市場已經在過去幾年大幅成長。尤其智慧型手機普及後，行動商務躍升成為電子商務的最新課題，對於品牌或店家來說，這種利用行動裝置帶來交易的策略，將可以為業績帶來全新的盈利藍海，市場專家預測指出，電子商務的使用者滲透率將在今年達到55%，並且在2023年成長至60%，阿里巴巴董事局主席馬雲更大膽直言2022年後，電子商務將取代實體零售主導地位，大幅超過整體零售市場的銷售額。

蝦皮購物為東南亞及台灣最大的行動電商平台

14-1 電子商務的發展方向

　　電子商務對現代企業而言存在著無限可能，勢必成為將來商業發展的主流模式，特別是受到COVID-19的影響，導致正常工作型態與服務提供方式迅速轉變，居家辦公或宅經濟成為新興趨勢，全球宅經濟（Stay at Home Economic）快速發展，大量的消費者從實體轉為線上消費，不但可以很明顯發現除了年輕族群以外，有愈來愈多的中老年客群也開始在電商網站消費了，並日趨依賴電子商務的便利性，未來將不只是把商品放到網路上販賣，還要建立出一個良好的購物體驗。未來的消費者將不會只重視價格和規格，便利與信任更是網路交易的核心。電子商務已經幾乎成為所有產業全新的必要通路，本章中我們將討論電子商務的未來發展方向。

Tips

　　「宅男、宅女」這名詞是從日本衍生而來，在台灣御宅族被用來形容那些足不出戶，整天呆坐在電腦前看DVD、玩線上遊戲、逛網路拍賣平台等，卻沒其他嗜好的人們，這些消費者只要動動手指頭，即能輕鬆在網路上購物，每一樣商品都可以宅配到家。在這一片不景氣當中宅經濟（Stay at Home Economic）帶來的「宅」商機卻創造出另一個經濟奇蹟！

疫情期間，宅經濟為電子商務的帶來新藍海

14-1-1 行動商務與社群結合

全球行動裝置快速發展，這股「新眼球經濟」所締造的市場經濟效應，正快速連結身邊所有的人、事、物，同時改變著我們的日常習慣，「行動商務」即將成為新藍海。根據IDC（Internet Data Center，全球資訊網數據中心）報告顯示，2017 年美國境內通過行動裝置上網的人數，早已經大幅超過從電腦上網的人數，在消費性電子設備全面走向行動產品之際，行動商務勢必將成為電子商務市場未來的發展重點。

隨著愈來愈多網路社群提供了行動版的行動社群，透過手機使用社群的人口正在高速成長，社群平台大幅增加電商與客戶接觸，加上疫情擴大消費者對快速、及時、折扣、永續性、物流的消費需求，特別是年輕

人喜歡行動購物，創造社群行動力是關鍵，行動社群網路（mobile social network）已然成為風潮，不但是消費者習慣改變的結果，身處行動社群網路時代，有許多店家與品牌在SoLoMo（Social、Location、Mobile）模式中趁勢而起。

Tips

　　KPCB合夥人約翰‧杜爾（John Doerr） 在2011年提出的一個趨勢概念，強調「在地化的行動社群活動」，主要是因為行動裝置的普及和無線技術的發展，讓 Social（社群）、Local（在地）、Mobile（行動）三者合一能更為緊密結合，顧客會同時受到社群（Social）、行動裝置（Mobile）、以及本地商店資訊（Local）的影響。

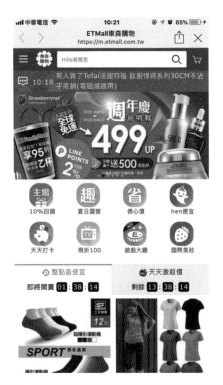

行動社群行銷提供即時購物商品資訊

今日的消費者利用行動裝置，隨時隨地獲取最新消息，讓商家更即時貼近目標顧客與族群，產生隨時隨地的互動與溝通。例如各位想找一家性價比高的餐廳用餐，透過行動裝置上網與社群分享的連結，然而藉由適地性（LBS）找到附近口碑不錯的用餐地點。

店家可以利用Line@鎖定5公里的顧客來行銷推廣

14-1-2 離線商務模式（O2O）模式的興起

網路家庭董事長詹宏志曾經在一場演講中發表他的看法：「愈來愈多消費者使用行動裝置購物，這件事極可能帶來根本性的轉變，甚至讓傳統電子商務產業一切重來」，更強調：「未來更是虛實相滲透的商務世界」。新一代的電子商務已經逐漸發展出創新的離線商務模式（Online To Offline，簡稱O2O），透過更多的虛實整合，全方位滿足顧客需求。O2O就是整合「線上（Online）」與「線下（Offline）」兩種不同平台所

進行的一種行銷模式，因為消費者也能「Always Online」，讓線上與線下能快速接軌，因為當消費者使用管道愈多，總消費金額愈高，透過改善線上消費流程，直接帶動線下消費，消費者可以直接在網路上付費，而在實體商店中享受服務或取得商品，全方位滿足顧客需求。簡單來說，就是消費者在虛擬通路（Online）付費購買，然後再親自到實體商店（Offline）取貨或享受服務的新興電子商務模式。O2O能整合實體與虛擬通路的O2O行銷，特別適合「異業結盟」與「口碑銷售」，因為O2O的好處在於訂單於線上產生，每筆交易可追蹤，也更容易溝通及維護與用戶的關係，反而傳統交易因為較無法掌握消費者的個人資料與喜好。

　　我們以提供消費者24小時餐廳訂位服務的訂位網站「EZTABLE易訂網」為例，易訂網的服務宗旨是希望消費者從訂位開始就是一個很棒的體驗，除了餐廳訂位的主要業務，後來也導入了主動銷售餐券的服務，不僅滿足熟客的需求，成為免費宣傳，也實質帶進訂單，並拓展了全新的營收來源。

易訂網是個成功的O2O模式

Tips

　　零售4.0時代是在「社群」與「行動載具」的迅速發展下，朝向行動裝置等多元銷售、支付和服務通路，消費者掌握了主導權，再無時空或地域國界限制，從虛實整合到朝向全通路（Omni-Channel），迎接以消費者為主導的無縫零售時代。

　　全通路則是利用各種通路為顧客提供交易平台，以消費者為中心的24小時營運模式，並且消除各個通路間的壁壘，如果讓消費者可以在所有的渠道，包括在實體和數位商店之間的無縫轉換，去真正滿足消費者的需要，不管是透過線上或線下都能達到最佳的消費體驗，便可以發揮加倍的行銷效益。

14-1-3 智慧商務的成熟發展

　　電子商務市場開始轉向以顧客為核心的智慧商務（Smarter Commerce）時代，所謂智慧商務是一種企業利用人工智慧（Artificial Intelligence, AI）與消費者交流的全新對話形式誕生，要能夠洞察客戶內心真實想法以預測服務與產品的需求，讓商務運作能在資訊科技的協助下，以更聰明的方式運行，從面向客戶的銷售、金流服務、物流管理、行銷工具，到面向營運的供應鏈管理、製造生產，整個企業的完整價值鏈都以客戶的客製化需求為依歸，更可以一路延伸到售後服務的體系，透過導入智慧商務，為企業創造品牌知名度與客戶忠誠度，保證企業能夠適時、適地提供符合客戶需求的產品或服務。

Tips

　　人工智慧（Artificial Intelligence, AI）的概念最早是由美國科學家John McCarthy於1955年提出，目標為使電腦具有類似人類學習解決複雜問題與展現思考等能力，舉凡模擬人類的聽、說、讀、寫、看、動作等的電腦技術，都被歸類為人工智慧的可能範圍，例如推理、規畫、問題解決及學習等能力。微軟亞洲研究院曾經指出：「未來的電腦必須能夠看、聽、學，並能使用自然語言與人類進行交流。」

　　傳統零售未來勢必將面臨改革與智慧轉型，例如「智慧家電」（Information Appliance）是從電腦、通訊、消費性電子產品3C領域匯集而來，是一種可以做資料雙向交流與智慧判斷的應用裝置，在未來的家庭生活中將會扮演非常重要的角色，也是電子商務的未來發展趨勢之一，其中受惠最大的仍是網購產業。各位只要在家透過智慧電視，在家中客廳就可以上網隨選隨看影視節目，或是登入社群網路即時分享觀看的電視節目和心得。

CHAPTER

14

三星推出許多智慧家電產品

圖片來源：三星電子

　　談到智慧商務與消費之間的連動應用，可以透過每家每戶的智慧家庭平台各種裝置聯網的數據，掌握用戶即時狀態及習性，**從使用情境出發，讓使用者有感**，進一步用AI科技打造專屬自己的行銷利基市場，提供精準廣告或導購訊息來行銷產品。例如聲寶公司首款智能冰箱，就具備食材管理、App下載等多樣智慧功能，只要使用者輸入每樣食材的保鮮日期，當食材快過期時，會自動發出提醒警示，未來若能透過網路連線，也可讓使用者能直接下單採買食材。

14-1-4 創新科技的支援 —— 虛擬實境與元宇宙

電子商務稱得上是一個普及全球的商務虛擬世界，所有的網路使用者皆是商品的潛在客戶。創新科技輔助是未來電子商務發展的一項利器，提升了資訊在市場交易上的重要性與績效，無論是寬頻網路傳輸、多媒體網頁展示、資料搜尋、虛擬實境、線上遊戲等。這些新技術除了讓使用者感到新奇感之外，更增加了使用者在交易過程的方便性與適合消費者對話的創新方式。

例如虛擬實境（Virtual Reality Modeling Language, VRML）的軟硬體技術逐漸走向成熟，將為廣告和品牌行銷業者創造未來無限可能，從娛樂、遊戲、社交平台、電子商務到網路行銷 ，最近全球又再次掀起了虛擬實境（（Virtual Reality Modeling Language, VRML,VR）相關產品的搶購熱潮。

Tips

虛擬實境技術（Virtual Reality Modeling Language, VRML）是一種程式語法，主要是利用電腦模擬產生一個三度空間的虛擬世界，提供使用者關於視覺、聽覺、觸覺等感官的模擬世界，利用此種語法可以在網頁上建造出一個3D的立體模型與立體空間。VRML最大特色在於其互動性與即時反應，可讓設計者或參觀者在電腦中就可以獲得相同的感受，如同身處在真實世界一般，並且可以與360度全方位場景產生互動。

「Buy＋」計畫引領未來虛擬實境購物體驗

　　阿里巴巴旗下著名的購物網站淘寶網，將發揮其平台優勢，全面啓動「Buy＋」計畫引領未來購物體驗，向世人展示了利用虛擬實境技術改進消費體驗的構想，戴上連接感應器的VR眼鏡，例如開發虛擬商場或虛擬展廳來展示商品試用商品等，改變了以往2D平面呈現方式，不僅革新了網路行銷的方式，讓消費者有眞實身歷其境的感覺，大大提升虛擬通路的購物體驗，同時提升品牌的印象，爲市場帶來無限商機，也優化了買家的購物體驗，進而提高用戶購買慾和商品出貨率，由此可見建立個性化的VR商店將成爲未來消費者購物的新潮流。

元宇宙可以看成是下一個世代的網際網路

圖片來源：https://www.theglobaleconomics.com/south-korea-is-now-a-key-player-in-vr-with-the-metaverse-launch/

　　談到元宇宙（Metaverse），多數人會直接聯想到電玩遊戲，其實打造元宇宙商務環境也是在開發一個新的電商經濟模式。

　　因為當實體世界的聯繫變得薄弱，自然人們在虛擬空間留存和互動的時間增加。目前有愈來愈多店家或品牌都正以元宇宙（Metaverse）技術，來提供新服務、宣傳產品及吸引顧客，並期望透過元宇宙的「沉浸感」吸引消費者目光與提升購物體驗，透過賦予人們在虛擬數位世界中的無限表達能力，創造出能吸引消費者的元宇宙沉浸式體驗。

14-2 電子商務與大數據

　　自從2010年開始全球資料量已進入ZB（zettabyte）時代，並且每年以60～70%的速度向上攀升，面對不斷擴張的驚人資料量，大數據（Big Data）的儲存、管理、處理、搜尋、分析等處理資料的能力也將面臨新的挑戰。現在電子商務發展迅速，針對大數據的分析結果，業者必須能夠提供消費者要的資訊，才具有分析的意義。例如2017年「雙十一購物狂歡節」，阿里巴巴網站能夠即時顯示線上交易狀況，正是大數據（big data）的運用。大數據技術將推動電子商務朝向更精細化發展，從資料分析中獲取更新的商業資訊，企業可以更準確地判斷消費者需求與了解客戶行為，制定出更具市場競爭力的行銷方案，看來將是電子商務下一階段的發展課題。

　　智慧型手機興起更加快大數據的高速發展，，更為大數據帶來龐大的應用願景。例如國內最大的美食社群平台「愛評網」（iPeen），擁有超過10萬家的餐飲店家，每月使用人數高達216萬人，致力於集結全台灣的美食，形成一個線上資料庫，愛評網已經著手在大數據分析的部署策略，並結合LBS和「愛評美食通」App來完整收集消費者行為，並且對銷售資訊進行更深層的詳細分析，讓消費者和店家有更緊密的互動關係。

CHAPTER

14

國內最大的美食社群平台「愛評網」（iPeen）

14-2-1 大數據簡介

大數據（又稱大資料、大數據、海量資料、big data），是由IBM於2010年提出，主要特性包含三種層面：巨量性（Volume）、速度性（Velocity）及多樣性（Variety）。大數據的應用技術，已經顛覆傳統的資料分析思維，所謂大數據是指在一定時效（Velocity）內進行大量（Volume）且多元性（Variety）資料的取得、分析、處理、保存等動作。而多元性資料型態則包括如：文字、影音、網頁、串流等結構性及非結構性資料。另外，在維基百科的定義，則是指無法使用一般常用軟體在可容忍時間內進行擷取、管理及處理的大量資料。

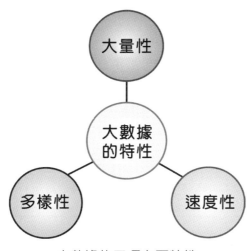

大數據的三項主要特性

14-2-2 大數據的規模與應用

大數據（Big Data）處理指的是對大規模資料的運算和分析，例如網路的雲端運算平台，每天是以數quintillion（百萬的三次方）位元組的增加量來擴增，所謂quintillion位元組約等於10億GB，尤其在現在網路講究資訊分享的時代，資料量很容易達到TB（Tera Bytes），甚至上看PB（Peta Bytes）。沒有人能告訴各位，超過哪一項標準的資料量才叫巨量，如果資料量不大，可以使用電腦及常用的工具軟體慢慢算完，就用不到大數據的專業技術，也就是說，只有當資料量巨大且有時效性的要求，較適合應用海量技術進行相關處理動作。為了讓各位實際了解這些資料量到底有多大，筆者整理了下表，提供給各位作為參考：

1 Byte（位元組）= 8 Bits（位元）
1 Kilobyte（仟位元組）=1000 Bytes
1 Megabyte=1000 Kilobytes=1000^2 Kilobytes
1 Gigabyte=1000 Megabytes=1000^3 Kilobytes
1 Terabyte=1000 Gigabytes=1000^4 Kilobytes
1 Petabyte=1000 Terabytes=1000^5 Kilobytes
1 Exabyte=1000 Petabytes=1000^6 Kilobytes
1 Zettabyte=1000 Exabytes=1000^7 Kilobytes
1 Yottabyte=1000 Zettabytes=1000^8 Kilobytes
1 Brontobyte=1000 Yottabytes=1000^9 Kilobytes
1 Geopbyte=1000 Brontobyte=1000^{10} Kilobytes

　　大數據現在不只是資料處理工具，更是一種企業思維和商業模式。大數據揭示的是一種「資料經濟」的精神。長期以來企業經營往往仰仗人的決策方式，往往導致決策結果不如預期，因為採用大數據可以更加精準的掌握事物的本質與訊息就以目前相當流行的Facebook為例，為了記錄每一位好友的資料、動態消息、按讚、打卡、分享、狀態及新增圖片，因為Facebook的使用者人數眾多，要取得這些資料必須藉助各種不同的大數據技術，接著Facebook才能利用這些取得的資料去分析每個人的喜好，再投放他感興趣的廣告或粉絲團或朋友。

Facebook背後包含了巨量資量的處理技術

　　阿里巴巴創辦人馬雲在德國CeBIT開幕式上如此宣告：「未來的世界，將不再由石油驅動，而是由數據來驅動！」隨著電子商務、社群媒體、雲端運算及智慧型手機構成的資料經濟時代，近年來不但帶動消費方式的巨幅改變，更爲大數據帶來龐大的應用願景。

星巴克咖啡利用大數據將顧客進行分級，找出最有價值的顧客

　　在國內外許多擁有大量顧客資料的企業，都紛紛感受到這股如海嘯般來襲的大數據浪潮，這些大數據中遍地是黃金，不少企業更是從中嗅到了商機。大數據分析技術是一套有助於企業組織大量蒐集、分析各種數據資料的解決方案。大數據相關的應用，不完全只有那些基因演算、國防軍事、海嘯預測等資料量龐大才需要使用大數據技術，甚至橫跨電子商務、決策系統、廣告行銷、醫療輔助或金融交易等，都有機會使用大數據相關技術。

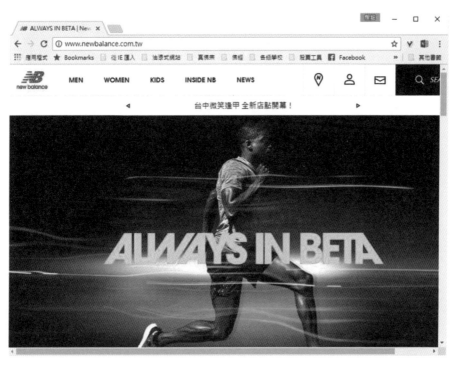

大數據是協助New Balance精確掌握消費者行為的最佳工具

　　如果各位曾經有在**Amazon**購物的經驗，一開始就會看到一些沒來由的推薦，因爲Amazon商城會根據客戶瀏覽的商品，從已建構的大數據庫中整理出曾經瀏覽該商品的所有人，然後會給這位新客戶一份建議清單，建議清單中會列出曾瀏覽這項商品的人也會同時瀏覽過哪些商品？由這份建議清單，新客戶可以快速作出購買的決定，讓他們與顧客之間的關係更加緊密，而這種大數據技術也確實爲Amazon 商城帶來更大量的商機與利潤。

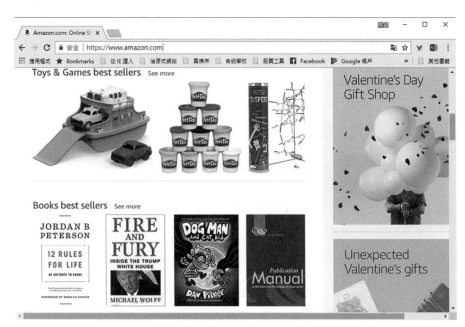

Amazon應用大數據提供更優質的個人化購物體驗

CHAPTER

14

14-3 電子商務與人工智慧

Amazon推出的智慧無人商店Amazon Go

　　在這個大數據時代，資料科學的狂潮不斷地推動著這個世界，加上大數據給了人工智慧（Artificial Intelligence, AI）的發展提供了前所未有的機遇，人工智慧儼然是未來科技發展的主流趨勢，近幾年人工智慧的應用領域愈來愈廣泛，主要原因之一就是GPUs加速運算日漸普及，使得平行運算的速度更快與成本更低廉，我們也因人工智慧而享用許多個人化的服務、生活變得也更為便利。

> **Tips**
>
> 　　圖形處理器（Graphics Processing Unit, GPU）可說是近年來科學
> 計算領域的最大變革，是指以圖形處理單元（GPU）搭配CPU的微處
> 理器，GPU則含有數千個小型且更高效率的CPU，不但能有效處理平
> 行運算（Parallel Computing），還可以大幅增加運算效能，藉以加速
> 科學、分析、遊戲、消費和人工智慧應用。

　　以人工智慧取代傳統人力進行各項電子商務業務已成為世界趨勢，有
3/4的電子商務時尚品牌，將在未來兩年內投資AI，因為AI能夠讓消費者
找到喜歡和想要的商品。將來決定這些AI服務能不能獲得更好發揮的關
鍵，除了得靠目前最熱門的機器學習（Machine Learning, ML）的研究，
甚至得借助深度學習（Deep Learning, DL）的類神經演算法，才能更容
易透過人工智慧解決行銷策略方面的問題與有更卓越的表現。

14-3-1 機器學習

　　機器學習（Machine Learning, ML）：是大數據與人工智慧發展相當
重要的一環，機器通過演算法來分析數據、在大數據中找到規則，機器
學習是大數據發展的下一個進程，給予電腦大量的「**訓練資料（Training
Data）**」，可以發掘多資料元變動因素之間的關聯性，進而自動學習並
且做出預測，充分利用大數據和演算法來訓練機器，機器再從中找出規
律，學習如何將資料分類。各位應該都有在YouTube觀看影片的經驗，
YouTube致力於提供使用者個人化的服務體驗，包括改善電腦及行動網頁
的內容，近年來更導入了機器學習技術，來打造YouTube影片推薦系統，
特別是Youtube平台加入了不少個人化變項，過濾出觀賞者可能感興趣的
影片，並顯示在「推薦影片」中。

YouTube透過TensorFlow技術過濾出大眾感興趣的影片

14-3-2 深度學習

電商AI客服也是深度學習的應用之一

圖片來源：https://www.digiwin.com/tw/blog/5/index/2578.html

　　深度學習（Deep Learning, DL）算是AI的一個分支，也可以看成是具有層次性的機器學習法，源自於「類神經網路」（Artificial Neural Network）模型，並且結合了神經網路架構與大量的運算資源，目的在於讓機器建立與模擬人腦進行學習的神經網路，以解釋大數據中圖像、聲音和文字等多元資料。店家與品牌除了致力於運電子商務來吸引購物者，同時也在探索新的方法，以即時收集資料並提供量身打造的商品建議，深度學習不但能解讀消費者及群體行為的的歷史資料與動態改變，更可能預測消費者的潛在慾望與突發情況，能應對未知的情況，設法激發消費者的購物潛能，獨立找出分眾消費的數據，進而提供高相連度的未來購物可能推薦與更好的用戶體驗。

Tips

　　類神經網路就是模仿生物神經網路的數學模式，取材於人類大腦結構，使用大量簡單而相連的人工神經元（Neuron）來模擬生物神經細胞受特定程度刺激來反應刺激架構為基礎的研究，這些神經元將基於預先被賦予的權重，各自執行不同任務，只要訓練的歷程愈扎實，這個被電腦系所預測的最終結果，接近事實真相的機率就會愈大。

本章習題

1. 企業如何能在電子商務市場中脫穎？

2. 請說明何謂宅經濟？

3. 試說明離線商務模式（Online To Offline，簡稱O2O）。

4. 何謂「智慧家電」（Information Appliance）？請簡單說明。

5. 請簡述大數據的特性。

6. 請簡述Hadoop技術。

7. 請簡介Spark。

8. 什麼是零售4.0時代？

9. 請簡介GPU（graphics processing unit）。

10. 請簡述人工智慧（Artificial Intelligence, AI）。

11. 機器學習（Machine Learning, ML）是什麼？有哪些應用？

習題解答

第一章

1. 通訊、商業流程、線上、服務。

2. 第一階段：電子資金轉換期、第二階段：電子資料交換期、第三階段：線上服務階段、第四階段：網際網路的發展階段、第五階段：全球資訊網的發展階段。

3. 未來web 3.0的精神就是網站與內容都是由使用者提供，每台電腦就是一台伺服器，網路等於包辦一切工作。Web3.0最大價值不再是提供資訊，而是建造一個更加人性化且具備智慧功能的網站，並能針對不同需求與問題，交給網路提出一個完全解決的系統。

4. 所謂的維基百科（Wikipedia, WP），是一種全世界性的內容開放的百科全書協作計畫，這個計畫的主要目標是希望世界各地的人，以他們所選擇的言語，完成一部自由的百科全書（Encyclopedia）。

5. Web 2.0一詞的源起，始於知名出版商O'Reilly Media。Web 2.0的基本概念，是在於從過去Web 1.0時的電視傳播方式，也就是類似全球資訊網由網站發送內容給使用者的單向模式（如瀏覽詢動作），轉變成雙向互動的方式，讓使用者可以參與網站這個平台上內容的產生（如部落格、網頁相簿的編寫）。

6. 所謂跨境電商是全新的一種國際電子商務貿易型態，指的就是消費者和賣家在不同的關境（實施同一海關法規和關稅制度境域）交易主

體，透過電子商務平台完成交易、支付結算與國際物流送貨、完成交易的一種國際商業活動，就像打破國境通路的圍籬，網路外銷全世界，讓消費者滑手機，就能直接購買全世界任何角落的商品。

7. 網路經濟是一種分散式的經濟，帶來了與傳統經濟方式完全不同的改變，最重要的優點就是可以去除傳統中間化，降低市場交易成本，整個經濟體系的市場結構也出現了劇烈變化，這種現象讓自由市場更有效率地靈活運作。在傳統經濟時代，價值來自產品的稀少珍貴性，對於網路經濟所帶來的網路效應（Network Effect）而言，有一個很大的特性就是產品的價值取決於其總使用人數，透過網路無遠弗屆的特性，一旦使用者數目跨過門檻，也就是愈多人有這個產品，那麼它的價值自然愈高。

8. 由唐斯及梅振家所提出，結合了「摩爾定律」與「梅特卡夫定律」的第二級效應，主要是指出社會、商業體制與架構以漸進的方式演進，但是科技卻以幾何級數發展，社會、商業體制都已不符合網路經濟時代的運作方式，遠遠落後於科技變化速度，當這兩者之間的鴻溝愈來愈擴大，使原來的科技、商業、社會、法律間的漸進式演化平衡被擾亂，因此產生了所謂的失衡現象與鴻溝（Gap），就很可能產生革命性的創新與改變。

9. 所謂電子商務自貿區是發展跨境電子商務方向的專區，開放外資在區內經營電子商務，配合自貿區的通關便利優勢與提供便利及進口保稅、倉儲安排、物流服務等，並且設立有關跨境電商的服務平台，向消費者展示進口商品，進而大幅促進區域跨境電商發展與便利化的制度環境。

10. 雲端運算是一種電腦運算的概念，雲端運算可以讓網路上不同的電腦以一種分散式運算的方式同時幫你處理資料或進行運算。簡單來說，雲端運算就是所有的資料全部丟到網路上處理。

11. 1.軟體即時服務（Software as a service, SaaS）、2.平台即服務（Plat-

form as a Service, PaaS）、3.基礎架構即服務（Infrastructure as a Service, IaaS）。

12. 根據維基百科的定義：「私有雲是將雲基礎設施與軟硬體資源建立在防火牆內，以供機構或企業共享數據中心內的資源。」私有雲和公用雲一樣，都能為企業提供彈性的服務，而最大的不同在於，私有雲服務的資料與程式皆在組織內管理，也就是說，私有雲是一種完全為特定組織建構的雲端基礎設施。另外，比起公用雲來說，私有雲服務讓使用者更能掌控雲端基礎架構，同時也較不會有網路頻寬限制及安全疑慮。

13. 智慧商務（Smarter Commerce）就是利用社群網路、行動應用、雲端運算、大數據、物聯網與人工智慧（Artificial Intelligence, AI）等技術，誕生與創造許多新的商業模式，透過多元平台的串接，可以更規模化、系統化地與客戶互動，讓企業的商務模式可以帶來更多智慧便利的想像，並且大幅提升電商服務水準與營業價值。

第二章

1. 企業對企業間（Business to Business，簡稱B2B）的電子商務、企業對消費者間（Business to Customer，簡稱B2C）的電子商務、消費者對消費者間（Customer to Customer，簡稱C2C）的電子商務及消費者對企業間（Customer to Business，簡稱C2B）的電子商務。

2. 入口網站（portal）是進入WWW的首站或中心點，它讓所有類型的資訊能被所有使用者存取，提供各種豐富個別化的服務與導覽連結功能，並讓所有類型的資訊能被所有使用者存取。

3. 應用軟體租賃服務業（Application Service Provider, ASP）為例，有別於傳統企業內部，需投入金錢與時間建置各種軟體應用程式，企業只要可以透過網際網路或專線，以租賃的方式向提供軟體服務的供應商承租。

4. 線上零售商（e-Tailer）是銷售產品與服務給個別消費者，而賺取銷售的收入，使製造商更容易地直接銷售產品給消費者，而除去中間商的部分。

5. 人力銀行就是網路發達之後，一種透過網路平台的一種服務提供者（Service Provider），是目前做為求才公司與求職者的熱門管道。通常應徵者成為該人力銀行會員後，就能前往修改履歷的網頁，填寫個人的基本資料與學經歷。

6. 電子交易市集（e-Marketplace）改變了傳統商場的交易模式，透過網路與資訊科技輔助所形成的虛擬市集，本身是一個網路的交易平台，具有能匯集買主與供應商的功能。

7. 全美很知名的C2C旅遊電子商務網站Priceline.com主要的經營理念就是「讓你自己定價」，消費者可以在網站上自由出價，並且可以用很低的價錢訂到很棒的四、五星級飯店，該公司所建立的買賣機制是由線上買方出價，賣方選擇是否要提供商品，最後由買方決定成交。

8. 「企業資訊入口」（EIP），是指在Internet的環境下，將企業內部各種資源與應用系統，整合到企業資訊的單一入口中。EIP也是未來行動商務的一大利器，以企業內部的員工為對象，只要能夠無線上網，為顧客提供服務時，一旦臨時需要資料，都可以馬上查詢，讓員工幫你聰明地賺錢，還能更多元化的服務員工。

9. P2P模式則是讓每個使用者都能提供資源給其他人，自己本身也能從其他連線使用者的電腦下載資源，以此構成一個龐大的網路系統。至於伺服器本身只提供使用者連線的檔案資訊，並不提供檔案下載的服務。

10. 電子採購商（e-Procurement）是擁有的許多線上供應商的獨立第三方仲介，因為它們會同時包含競爭供應商和競爭電子配銷商的型錄，主要優點是可以透過賣方的競標，達到降低價格的目的，有利於買方來控制價格。

11. 企業對政府模式（Business-to-Government，簡稱B2G）即企業與政府之間通過網路所進行的電子商務交易，透過資訊技術可以加速政府單位以企業之間的互動，提供一個便利的平台供雙方相互提供資訊流或是物流，包括政府採購、稅收、商檢、管理條例的發佈等。在電子化的處理中，可以節省舟車往返費用，並且加強行政效率。

12. 為了在讀取資料同時能確保企業網路的安全性，企業可以在網際網路上使用通道及加密建立一個私有的安全網路連接方式，稱為「虛擬私有網路」（Virtual Private Network, VPN）。VPN可讓商務人士安全地利用公眾網際網路連結企業網路，且保障資料在網際網路存取過程中，不致於遭到有心人士盜取。

13. 服務提供者（Service Provider）是比傳統服務提供者更有價值、便利與低成本的網站服務，收入可包括訂閱費或手續費。例如翻開報紙的求職欄，幾乎都被五花八門分類小廣告占領所有廣告版面，而一般正當的公司企業，除了偶爾刊登求才廣告來塑造公司形象外，大部分都改由網路人力銀行中尋找人才。

第三章

1. 資訊流指的是網站的架構，一個線上購物網站最重要的就是整個網站規劃流程，能夠讓使用者快速找到自己需要的商品，網站上的商品不像真實的賣場可以親自感受商品或試用，因此商品的圖片、詳細說明與各式各樣的促銷活動就相當重要，規劃良好的資訊流是電子商務成功很重要的因素。

2. 供應鏈管理（supply chain management, SCM）理論的目標是將上游零組件供應商、製造商、流通中心、以及下游零售商上下游供應商成為夥伴，以降低整體庫存之水準或提高顧客滿意度為宗旨。

3. 網路銀行係指客戶透過網際網路與銀行電腦連線，無須受限於銀行營業時間、營業地點之限制，隨時隨地從事資金調度與理財規劃，並可

充分享有隱密性與便利性，即可直接取得銀行所提供之各項金融服務。

4. 隨選視訊是一種嶄新的視訊服務，使用者可不受時間、空間的限制，透過網路隨選並即時播放影音檔案，由於影音檔案較大，為了能克服檔案傳輸的問題，VoD使用串流技術來傳輸，也就是不需要等候檔案下載完。

5. 電子採購（e-Procurement），是指在企業間的採購電子化，利用網路技術將採購過程脫離傳統的手動作業流程，大量向產品供應商或零售商訂購，大幅提升採購與發包作業效率。

6. 電子商務的本質是商務，商務的核心就是商流，「商流」是指交易作業的流通，或是市場上所謂的「交易活動」，是各項流通活動的主軸，代表資產所有權的轉移過程。

7. 物流（logistics）是電子商務模型的基本要素，定義是指產品從生產者移轉到經銷商、消費者的整個流通過程，透過有效管理程序，並結合包括倉儲、裝卸、包裝、運輸等相關活動。

8. 設計流泛指網站的規劃與建立，涵蓋範圍包含網站本身和電子商圈的商務環境，就是依照顧客需求所研擬之產品生產、產品配置、賣場規劃、商品分析、商圈開發的設計過程。

9. 沃爾瑪主要成功的原因就是以完善物流系統來達到統一採購、配送、行銷的營運模式，並維持與供應商協調最佳的配送方式，在物流運營過程中盡可能降低成本，以縮短送貨時間，把節省後的成本提供較低價格吸引顧客。

10. 數位化資訊在網路上傳送時，是由一連串的0和1所組成，要成功進行電子交易的過程中，訊息及資訊分配架構（Messaging and Information Distribution Infrastructure）必須提供格式化及非格式化資料進行交換媒介，包括了電子資料交換（EDI）、電子郵件與超文件傳送（http）等議題。

11. 「金流e化」也就是金流自動化，在網路上透過安全的認證機制，包括成交過程、即時收款與客戶付款後，相關地自動處理程序，目的在於維護交易時金錢流通的安全性與保密性。目前常見的方式有貨到付款、線上刷卡、ATM轉帳、電子錢包、手機小額付款、超商代碼繳費等。

12. 購買（Purchase）是狹義的採購，僅限於以「買入」（Buying）的方式取得物品，採購（procurement）是指企業為實現企業銷售目標，在充分了解市場要求的情況下，從外部引進產品、服務與技術的活動。

第四章

1. 「網路」（Network），最簡單的定義就是利用一組通訊設備，透過各種不同的媒介體，將兩台以上的電腦連結起來，讓彼此可以達到「資源共享」與「傳遞訊息」的功用。

2. ①主從式網路

　在通訊網路中，安排一台電腦做為網路伺服器（server），統一管理網路上所有用戶端（client）所需的資源（包含硬碟、列表機、檔案等）。優點是網路的資源可以共管共用，而且透過伺服器取得資源，安全性也較高。缺點是必須有相當專業的網管人員負責，軟硬體的成本較高。

　②對等式網路

　在對等式網路中，並沒有主要的伺服器，每台網路上的電腦都具有同等級的地位，並且可以同時享用網路上每台電腦的資源。優點是架設容易，不必另外設定一台專用的網路伺服器，成本花費自然較低。缺點是資源分散在各部電腦上，管理與安全性都有缺陷。

3. 區域網路（Local Area Network, LAN）、都會網路（Metropolitan Area Network, MAN）、廣域網路（Wide Area Network, WAN）。

4. 單工（simplex）、半雙工（half-duplex）、全雙工（full-duplex）。

5. 自然界中的許多訊號都是屬於類比訊號，例如聲波、光波、電波等。利用這種方式來進行訊號傳輸時，因為是屬於一種連續性的規則變化，所以便容易累積錯誤的訊號。數位訊號的傳輸方式，是從發送端利用0與1的資料來區分成高電位和低電位。因為數位訊號具有非連續的特性，所以較不受傳送時間與距離的影響，容易還原，也較不容易失真，對於雜訊的處理也比類比訊號為佳。

6. ①引導式媒介（guided media）：是一種具有實體線材的媒介，例如雙絞線（twisted pair）、同軸電纜（coaxial cable）、光纖等。

   ②非引導式媒介（unguided media）：又稱為無線通訊媒介，例如紅外線、無線電波、微波等。

7. 光纖（Optical Fiber）的中心材質為玻璃纖維，外部則為反射物質，而最外層為保護的塑膠，用來傳送脈衝光線，而不是電流。傳遞原理是當光線在介質密度比外界低的玻璃纖維中傳遞時，如果入射的角度大於某個角度（臨界角），就會發生全反射的現象，也就是光線會完全在線路中傳遞，而不會折射至外界。

8. 主機名稱、機構名稱、機構類別、地區名稱。

9. 分別是IP位址與網域名稱系統（DNS）兩種。

10. Cable Modem的功能，主要是讓電腦的數位資料能夠與有線電視的類比資料，同時透過有線電視的同軸纜線進行傳輸的設定。廣義而言，這整個的資料傳輸過程所使用的技術，我們稱為「Cable Modem寬頻上網」。

11. 網路電話（IP Phone）是利用VoIP（Voice over Internet Protocol）技術將類比的語音訊號經過壓縮與數位化（Digitized）後，以數據封包（Data Packet）的型態在IP數據網路（IP-based data network）傳遞的語音通話方式。

第五章

1. 在1970年代以後軟體工業開始引用流行於硬體工業界的「系統開發生命週期模式」（System Development Life Cycle, SDLC）做為軟體工程的開發模式，並很快成為資訊系統發展模式的主流。SDLC模式就是先行假設所開發的資訊系統像一般生物系統有其生命週期，也就是將系統階層至少劃分為分析、設計及實施三個階段，前一階段完成後才能進入下一個階段，各階段僅能循環一次。開發者可依據實際需求，以有組織的方式用來開發一個企業的資訊系統。

2. 「企業再造工程」（Business Reengineering）是目前「資訊管理」科學中相當流行的課題，所闡釋的精神是如何運用最新的資訊工具，包括企業決策模式工具、經濟分析工具、通訊網路工具、電腦輔助軟體工程、活動模擬工具等，來達成企業崇高的嶄新目標。

3. 因為MIS不像EDPS所著重的是作業效率的增加，MIS的功用則是加強改進組織的決策品質與管理方法的運用效果，MIS必須架構在一般電子交易系統之上，利用交易處理所得結果（如生產、行銷、財務、人事等），經由垂直與水平的整合程序，將相關資訊建立一個所謂的經營管理資料庫（Business Management Database），提供給管理者作為營運上的判斷條件，例如產品銷售分析報告、市場利潤分析報告等。

4. 策略性規劃、組織資訊需求分析、資源分配規劃。

5. 可以歸納為三項：

   (1) 將各種專家知識移轉到專家系統的知識庫中，可以延伸專業領域的擴展。

   (2) 在專家缺席或預算不夠時，ES不但物美價廉，還可以取代專家的地位。

   (3) ES是數位化的資訊系統，可以重複製作與大量生產。

6. 「企業e化」的定義可以描述如下：「適當運用資訊工具；包括企業決策模式工具、經濟分析工具、通訊網路工具、活動模擬工具、電腦輔

助軟體工具等,來協助企業改善營運體質與達成總體目標。」

7. 生命週期模式、軟體雛型模型。

8. 以二維表格(two-dimension table)方式來儲存資料,由許多行及列資料所組成,這種行列關係,稱為「關聯」(relational),是目前時下最流行也最為普及的資料庫。優點是容易理解、設計單純、可用較簡單的方式存取資料,節省程式發展或查詢資料的時間,適合於隨機查詢。缺點是存取速度慢,所需的硬體成本較高。例如dBase、Foxpro、Access、SQL Server、Oracle等軟體。

9. 「策略」(Strategy)可以視為是企業、市場與產業界三方面的交集點。台灣首富郭台銘就曾經清楚定義:「策略是方向、時機與程度,而且順序還不能弄錯,先有方向、再等時機,最後決定投入程度。」

10. 多媒體資料庫,就是針對企業與組織需求,將不重覆的各種資料數位化後的檔案儲存在一起,包括各種不同形式的資料,如文字、圖形或影音等檔案,並藉由此一資料庫所提供的功能而將我們所存放的資料加以分析與歸納。因為這些媒體都可以用數位化形式來有效率的儲存、傳播和再利用,因此對許多組織機構而言是相當具吸引力的。

11. CSF的方法核心就是從管理的角度來找出資訊的需求。它起源於丹尼爾(R. Daniel,1961)所提出的「成功因素」理論,也就是說CSF是找出管理階層所認為能讓企業成功的關鍵因素組合。

12. 提供更好服務品質、增進企業員工競爭力、提升整體作業效率

13. 全面性導入方式、漸近式導入方式、快速導入方式。

14. MRP II是在物料需求計畫上發展出的一種規劃方法和輔助軟體,主要訴求是應用在所有與製造有關的資源上,以生產計畫為主線,除了必須管控物料外,產能規劃也成為企業管理的重點項目,將物料需求規劃(MRP)的範圍擴大到所有的製造業資源進行統一的計劃和控制,如物料、人力資源、機器設備、產能與資金等,希望可將機器設備及人工的產能資源納入有效的規劃與控制,主要是應用在擴大生產製造資源計

畫與控制範圍，以提升製造生產效率或生產力，以達到反應整體企業績效。

15. ERP II是2000年由美國調查諮詢公司Gartner Group在原有ERP的基礎上擴展後提出的新概念，相較於傳統ERP專注於製造業應用，更能有效應用網路IT技術及成熟的資訊系統工具，還可整合於產業的需求鏈及供應鏈中，也就是向外延伸至企業電子化領域內的其他重要流程。

第六章

1. 「設計協同商務」、「行銷/銷售協同商務」、「採購協同商務」與「規劃/預測協同商務」。

2. 協同商務被看成是下一代的電子商務模式，美國加特那（Gartner Group）公司在1999年對協同商務提出的定義為企業可以利用網際網路的力量整合內部與供應鏈，包括顧客、供應商、配銷商、物流、員工可以分享等相關合作夥伴，擴展到提供整體企業間的商務服務，甚至是加值服務，並達成資訊共用使得企業獲得更大的利潤。

3. 供應商跟零售商可以透過協同商務來預測商品的消售，主要目的在於減少供需之間商業流程的差異，讓供應鏈更符合需求導向，這樣可以減少多餘的庫存，並讓供應鏈更符合需求導向。

4. 目標在有效地從多面向取得顧客的資訊，就是建立一套資訊化標準模式，運用資訊技術來大量收集且儲存客戶相關資料，加以分析整理出有用資訊，並提供這些資訊用來輔助決策的完整程序。

5. 操作型（Operational）、分析型（Analytical）和協同型（Collaorative）三大類CRM系統。

6. 供應鏈管理（SCM）是一個企業與其上、下游的相關業者所構成的整合性系統，包含從原料流動到產品送達最終消費者手中的整條鏈上的每一個組織與組織中的所有成員，形成了一個層級間環環相扣的連結關係，為的就是在一個令顧客滿意的服務水準下，使得整體系統成本

最小化。

7. 知識（Knowledge）是將某些相關連的有意義資訊或主觀結論累積成某種可相信或值得重視的共識，也就是一種有價值的智慧結晶，當知識大規模的參與影響社會經濟活動，就是所謂知識經濟。

8. 對於企業來說，知識可區分為內隱知識與外顯知識兩種，內隱知識存在於個人身上，與員工個人的經驗與技術有關，是比較難以學習與移轉的知識。外顯知識則是存在於組織，比較具體客觀，屬於團體共有的知識，例如已經書面化的製造程序或標準作業規範，相對也容易保存與分享。

9. 優點是有計畫地為一個目標需求量（市場預測）提供平均最低成本與最有效率的產出原則，容易達到經濟規模成本最小化，不過缺點是可能導致市場需求不如預期時，容易造成長鞭效應，推出的愈多，庫存風險與損失就愈大。

10. 企業建置資料倉儲的目的是希望整合企業的內部資料，並綜合各種整體外部資料來建立一個資料儲存庫，是作為支援決策服務的分析型資料庫，能夠有效的管理及組織資料，並能夠以現有格式進行分析處理，進而幫助決策的建立。

11. 線上分析處理（Online Analytical Processing, OLAP）可被視為是多維度資料分析工具的集合，使用者在線上即能完成的關聯性或多維度的資料庫（例如資料倉儲）的資料分析作業並能即時快速地提供整合性決策，主要是提供整合資訊，以做為決策支援為主要目的。

12. 供應商跟零售商可以透過協同商務來預測商品的消售，主要目的在於減少供需之間商業流程的差異，讓供應鏈更符合需求導向，這樣可以減少多餘的庫存，並讓供應鏈更符合需求導向。

第七章

1. 所謂的行動商務，簡單的說，就是「使用者藉由行動終端設備（如：手機、Smart Phone、PDA、筆記型電腦等），透過無線網路通訊的方

式，進行商品、服務或是資訊交易的行為」。

2. 無線區域網路標準是由「美國電子電機學會」（IEEE），在1990年11月制訂出一個稱為「IEEE802.11」的無線區域網路通訊標準，採用2.4GHz的頻段，資料傳輸速度可達11Mbps。

3. 無線網路的種類有「無線廣域網路」（Wireless Wide Area Network, WWAN）、「無線都會網路」（Wireless Metropolitan Area Network, WAN）、「無線個人網路」（Wireless Personal Area Network, WPAN）與「無線區域網路」（Wireless Local Area Network, WPAN）。

4. 所謂「熱點」（Hotspot），是指在公共場所提供WLAN服務的連結地點，讓大眾可以使用筆記型電腦或PDA，透過熱點的「無線網路橋接器」（AP）連結上網際網路。

5. 「頻帶」（Band）就是頻率的寬度，單位Hz，也就是資料通訊中所使用的頻率範圍，通常會訂定明確的上下界線。

6. 行動商務可提供的個人化行動資訊服務，包括有簡訊收發、電子郵件收發、多媒體下載（如：圖片、動畫、影片、遊戲、音樂等）、資訊查詢（如：新聞氣象、交通狀況、股市資訊、生活情報、地圖查詢等）等。

7. GSM的優點是不易被竊聽與盜拷，可進行國際漫遊。但缺點為通話易產生回音與品質較不穩定，另外由於採用蜂巢式細胞概念來建構其通訊系統所以需要較多的基地台才能維持理想的通話品質。不過最致命的缺點，是它只具備9.6Kbps的傳輸速率，以現今行動上網的技術發展來看，還是太慢了，因此後來才會有GPRS通訊系統的產生，期待達到行動上網的最終理想。

8. LTE是以現有的GSM/UMTS的無線通信技術為主來發展，最快的理論傳輸速度可達170Mbps以上，例如各位傳輸1個95M的影片檔，只要3秒鐘就完成，全球LTE快速布建的計畫，包含日、德、美、中等都已著

手發展LTE，所以未來4G技術將成為LTE與WiMAX之間的競爭。

9. App就是application的縮寫，也就是移動式設備上的應用程式，也就是軟體開發商針對智慧型手機及平版電腦所開發的一種應用程式，APP涵蓋的功能包括了圍繞於日常生活的的各項需求。

10. App Store是蘋果公司基於iPhone的軟體應用商店，所開創的一個讓網路與手機相融合的新型經營模式，讓iPhone用戶可透過手機或上網購買或免費試用裡面的軟體，只需要在App Store程式中點幾下，就可以輕鬆的更新並且查閱任何軟體的資訊。

11. QR碼（Quick Response Code）是由日本Denso-Wave公司發明的二維條碼，QR Code不同於一維條碼皆以線條粗細來編碼，利用線條與方塊所結合而成的編碼，比以前的一維條碼有更大的資料儲存量，除了文字之外，還可以儲存圖片、記號等相關訊。

12. NFC瞄準行動裝置市場，以13.56MHz頻率範圍運作，可讓行動裝置在20公分近距離內進行交易存取，目前以智慧型手機為主，因此成為行動交易、服務接收工具的最佳解決方案。

13. 物聯網（Internet of Things, IOT）是近年資訊產業中一個非常熱門的議題，被認為是網際網路興起後足以改變世界的第三次資訊新浪潮。它的特性是將各種具裝置感測設備的物品，例如RFID、環境感測器、全球定位系統（GPS）雷射掃描器等裝置與網際網路結合起來而形成的一個巨大網路系統，並透過網路技術讓各種實體物件、自動化裝置彼此溝通和交換資訊。

14. 無線射頻辨識技術（radio frequency identification, RFID），就是一種非接觸式自動識別系統，可以利用射頻訊號以無線方式傳送及接收數據資料。RFID是一種內建無線電技術的晶片，主要是包括詢答器（Transponder）與讀取機（Reader）兩種裝置。

15. 穿戴式裝置未來的發展重點，主要取決於如何善用可攜式輕便性，簡單的滑動操控界面和多元化的功能，發展出吸引消費者的應用，講求

的是便利性，其中又以腕帶、運動手錶、智慧手錶為大宗。例如能夠戴在手腕上並像智慧型手機一樣執行應用程式的運動錶（Samsung Gear），可紀錄運動步數、消耗卡路里、心跳率監測跟睡眠時間等資訊，上述這些穿戴裝置都是新科技應用，講求的是便利性。

第八章

1. 駭客是一種專精於作業系統研究與設計的人士，他們充分清楚系統的漏洞，至於侵入電腦的真正目的只是為了證實該系統防護的缺陷，通常駭客是藉由Internet侵入對方主機，接著可能偷窺個人私密資料、毀壞網路、更改或刪除檔案、上傳或下載重要程式攻擊DNS等。

2. 重視網路安全教育訓練、定期測試系統防禦、安全完善的防火牆（Firewall）、嚴格制定預防步驟。

3. 系統漏洞可分為本身設計不良與後天管理不當，在人為經營方面，容易出現的漏洞往往是系統資源或權限的配置不當。而容易造成有心人的入侵。如果是設計不良的問題，原出廠公司會以修補程式的方式來禰補。

4. Cookie是一種小型文字檔，當我們在瀏覽網頁或存取網站上的資料時，可能輸入一些有關姓名、帳號、密碼、E-mail等個人資訊，並儲存於該網站中。此時瀏覽器會很貼心的，把您這些資訊記錄在您電腦中的「C:\Documents and Settings \使用者名稱\Cookies」的資料夾中，並以純文字檔得模式儲存。

5. 防火牆的運作原理，相當於在內部區域網路（或伺服器）與網際網路之間，建立起一道虛擬的防護牆來做為隔閡與保護功能。

6. 「加密」最簡單的意義就是將資料透過特殊演算法（algorithm），將原本檔案轉換成無法辨識的字母或亂碼。而當加密後的資料傳送到目的地後，將密文還原成名文的過程就稱為「解密」（decrypt）。

7. 常見的資料加解密方式有下列三種：

①替換法（substitution）

是加密與解密的雙方都擁有一組相同的對照表，這個對照表中設定某些字母該用哪些字母來替換。

②調換法（transposition）

是將資料的內容分區後，再重新加以排列組合，解密的過程則是將加密過程反向操作即可。

③數學函數法（Mathematical function）

利用具有一對一映射特性的數學函數（如雜湊函數）來製作加解密裝置，接收端同時必須有一個作為解密之用的反函數。

8.「對稱性加密法」（Symmetrical key Encryption）的運作方式，是發送端與接收端都擁有加/解密鑰匙；非對稱性加密系統的運作方式，是使用兩把不同的「公開鑰匙」（public key）與祕密鑰匙（Private key）來進行加解密動作。

9.依照防火牆在TCP/IP協定中的工作層次，可以區分為IP過濾型防火牆與代理伺服器型防火牆。

10.目前防火牆的安全機制仍具有以下缺點：

①防火牆僅管制與記錄封包在內部網路與網際網路間的進出，對於封包本身是否合法卻無法判斷。

②防火牆必須開啓必要的通道來讓合法的資料進出，因此入侵者當然也可以利用這些通道，配合伺服器軟體本身可能的漏洞，來達到入侵的目的。

③防火牆無法確保連線時的可信賴度，因爲雖然保護了內部網路免於遭到竊聽的威脅，但資料封包出了防火牆後，仍然有可能遭到竊聽。

④對於內部人員或內賊所造成的侵害，至今仍無法得到有效解容。

11.第一方Cookie是指您直接連上某網站，該網站在您的電腦中所建立的Cookie。而第三方Cookie則是指當您連上某網站時，網站上其它網頁

（例如廣告網頁）所建立的Cookie。

12.

影響種類	說明與注意事項
天然災害	電擊、淹水、火災等天然侵害。
人為疏失	人為操作不當與疏忽。
機件故障	硬體故障或儲存媒體損壞，導至資料流失。
惡意破壞	泛指有心人士入侵電腦，例如駭客攻擊、電腦病毒與網路竊聽等。

13. 實體安全、資料安全、程式安全、系統安全。

14. 駭客攻擊、網路竊聽、網路釣魚、個人私密資料的監視與濫用。

15. 隨意下載檔案、透過電子郵件或附加檔案傳遞、使用不明的儲存媒體、瀏覽有病毒的網頁。

16.

1	電腦速度突然變慢、停止回應、每隔幾分鐘重新啟動，甚至經常莫名其妙的當機。
2	螢幕上突然顯示亂碼，或出現一些古怪的畫面與撥放奇怪的音樂聲。
3	資料檔無故消失或破壞，或者按下電源按鈕後，發現整個螢幕呈現一片空白。
4	檔案的長度、日期異常或I/O動作改變等。
5	出現一些警告文字，告訴使用者即將格式化你的電腦，嚴重的還會將硬碟資料給殺掉或破壞掉整個硬碟。

第九章

1. 由物流配公司配送商品後代收貨款之付款方式，例如郵局代收貨款、便利商店取貨付款，或者有些宅配公司都有提供貨到付款服務，甚至也提供消費者貨到當場刷卡的服務。

2. 當消費者在網路上購買後會產生一組繳費代碼，只要取得代碼後，在

超商完成繳費就可立即取得服務。

3. 劃撥轉帳付款、信用卡傳眞付款與線上信用卡付款。

4. 「電子錢包」是一種SET安全交易機制的實際應用。消費者在網路購物前必須先安裝電子錢包軟體，才能進行交易。除了能夠確認消費者與商家的身分，以及將傳輸的資料加密外，它還能記錄與儲存交易的內容，以做爲日後查詢，而且也沒有在線上刷卡時，可能洩露個人資料的顧慮。

5. 使用SSL的優點是消費者不需要經過任何認證的程序，就能夠直接解決資料傳輸的安全問題。不過當商家將資料內容還原準備向銀行請款時，這時候商家就會知道消費者的個人資料。如果商家心懷不軌，還是有可能讓資料外洩，或者可能不肖的員工盜用消費者的信用卡在網路上買東西等問題。不過SSL協定並無法完全保障資料在傳送的過程中不會被擷取解密，還是有可能遭有心人破解加密後的資料。

6. SET與SSL的最大差異是在於消費者與網路商家再進行交易前必須先行向「認證中心」（Certificate Authority, CA）取得「數位憑證」（Digital Certificate），才能經由線上加密方式來進行交易。

7. 線上付款（On Line）又稱爲電子付款方式，電子付款是電子商務不可或缺的一個部分，就是利用數位訊號的傳遞來代替一般貨幣的流動，達到實際支付款項的目的。

8. 虛擬信用卡本身並沒有一張實體卡片，只由發卡銀行提供消費者一組十六碼卡號與卡號有效期做爲網路消費的支付工具，和實體信用卡再使用時最大的差別，就在於虛擬信用卡發卡銀行會承擔虛擬信用卡可能被冒用的風險。虛擬信用卡的特性，是網路金融服務的延伸，並因應網路交易支付的工具，由於信用額度較低，只有2萬元上限，因此降低了線上交易的風險。

9. 電子現金只有在申購時需要先行開立帳戶，但是使用電子現金時則完全匿名，目前區分爲智慧卡型電子現金與可在網路使用的電子錢包

（數位電子現金）。

10. 「WebATM」就是把傳統實體ATM（自動提款機）搬到電腦上使用，就是一種晶片金融卡網路收單服務，不論是網路商家或實體店家皆可申請使用，除了提領現金之外，其他如轉帳、繳費（手機費、卡費、水電費、稅金、停車費、學費、社區管理費）、查詢餘額、繳稅、更改晶片卡密碼等。

11. NFC手機信用卡必須將既有信用卡或金融卡予以汰換，改採支援NFC的新卡片，而且只能綁一個卡號，還必須更換帶NFC功能的手機，這造成了用戶使用成本高，但優點是「嗶一聲」就可快速刷卡完畢。

12. 電子錢包則是電子商務活動中網上購物顧客常用的一種支付工具，交易雙方設定電子給付系統，以達到付款收款的目的，消費者在網路購物前必須先安裝電子錢包軟體，接著消費者可以向發卡銀行申請使用這個電子錢包，除了能夠確認消費者與商家的身分，並將傳輸的資料加密外，還能記錄交易的內容。

13. 行動支付（Mobile Payment），就是指消費者通過手持式行動裝置對所消費的商品或服務進行賬務支付的一種支付方式。

14. TSM是一個專門提供NFC應用程式下載的共享平台，這個平台提供了各式各樣的NFC應用服務，未來的NFC手機可以透過空中下載（over-the-air, OTA）技術，將TSM平台上的服務下載到手機中。

15. 比特幣是一種不依靠特定貨幣機構發行的全球通用加密電子貨幣，和線上遊戲虛擬貨幣相比，比特幣可說是這些虛擬貨幣的進階版，比特幣是通過特定演算法大量計算產生的一種P2P形式虛擬貨幣，它不僅是一種資產，還是一種支付的方式。

16. 非同質化代幣（Non-Fungible Token, NFT）屬於數位加密貨幣的一種，是一個非常適合用來作爲數位資產的憑證，代表是世界上獨一無二、無法用其他東西取代的物件，交易資訊皆被透明標誌記錄，也是一種以區塊鏈做爲背景技術的虛擬資產，更是新一代科技人投資及獲

利工具。每個代幣可以代表一個獨特的數位資料，例如圖畫、音檔、影片等，和比特幣、以太幣或萊特幣等這些同質化代幣是完全不同，NFT擁有獨一無二的識別代碼，未來在電子商務領域，會有非常多的應用空間。

第十章

1. 電子商務網站的架構，主要是由伺服器端的網站以及客戶端的瀏覽器兩個部分來組成；伺服器網站主要提供資訊服務，而客戶端瀏覽器則是向網站提出瀏覽資訊的要求。

2. 本階段工作著重於每一個網站程式內部邏輯、輸出資料是否正確與整合後所有程式能否滿足系統需求，測試各個子系統無誤後，再進行系統的整合測試，其中高峰的壓力測試及網路安全性測試必須特別重視。

3. 網站製作完成之後，首要工作就是幫網站找個家，也就是俗稱的「網頁空間」。常見的架站方式主要有虛擬主機、主機代管與自行架設等三種方式。

4. 全球資訊網協會（W3C）於2009年發表了「第五代超文本標示語言」（HTML5）公開的工作草案，是HTML語法下一個的主要修訂版本，不同於現在我們瀏覽網頁常用的標準HTML4.0，HTML5提供了令人相當期待的特色，新增的功能除了可讓頁面原始語法更為精簡外，還能透過網頁語法來強化網頁控制元件和應用支援，以往需要加裝外掛程式才能顯示的特效，目前都能直接透過瀏覽器開啓直接在網頁上提供互動式360度產品展現，高度具備了與目前網頁主流設計軟體Adobe Flash抗拒的實力。

5. 「虛擬主機」（Virtual Hosting）是網路業者將一台伺服器分割模擬成為很多台的「虛擬」主機，讓很多個客戶共同分享使用，平均分攤成本，也就是請網路業者代管網站的意思，對使用者來說，就可以省去

架設及管理主機的麻煩。

優點：可節省主機架設與維護的成本、不必擔心網路安全問題，可使用自己的網域名稱（Domain Name）。

缺點：有些ISP業者會有網路流量及頻寬限制，隨著主機系統不同能支援的功能（如ASP、PHP、CGI）也不盡相同。

6. 主機代管（Co-location）是企業需要自行購置網路主機，又稱為網路設備代管服務，乃是使用ISP公司的資料中心機房放置企業的網路設備，每月支付一筆費用，也使用ISP公司的網路系統來架設網站。

7. osCommerce（Open Source e-osCommerce, OSC）是目前全球使用量最大的免費電子商務架站軟體，是遵循GUN GPL授權原則，公開原始碼的套件，並允許任何人自由下載、傳播與修改。利用osCommerce建置的網路商店包含使用者選購介面及商店管理兩部分，不需要另外花錢請設計團隊設計網站，相當節省成本，也可以自行更換網站外觀設計，受到許多私人與企業主的青睞。

8. 客戶端執行的網頁語言內嵌在HTML中，而包含這類客戶端執行程式的網頁副檔名同樣是.htm，當瀏覽器向伺服器要求開啟網頁時，伺服器會將整份網頁傳送至客戶端，由瀏覽器進行網頁程式解譯的動作，並且將結果呈現在瀏覽器視窗中。

9. CSS不但可以大幅簡化在網頁設計時對於頁面格式的語法文字，更提供了比HTML更為多樣化的語法效果。CSS最令人驚喜之處的就是文字方面的應用，除了文字性質之外，還可以藉由CSS來包裝或加強圖片或動態網頁的特效。

10. ASP.NET是微軟公司推出的新一代動態網頁技術，除了具備伺服端動態網頁應有的特性，更進一步導入物件導向理論設計模型，同時結合.NET強大的應用程式平台，將網頁開發技術推向了一個嶄新的里程碑，以此種技術所開發的網頁因應客戶端提出的需求產生不同的變化，這一類的網頁我們將其稱為動態網頁。

11. 我們可以分別從網站使用率（web site usage）、財務獲利（financial benefits）、交易安全（transaction security）與品牌效應（brand effect）四個面向來討論。

12. 站流量是從各位的網站空間所讀出的資料大小就稱流量，沒有流量就沒有了人氣基礎。點擊數則是一個沒有實際經濟價值的人氣指標。

第十一章

1. 資訊的即時互動與傳遞、多媒體技術的應用、精準可測量的行銷成果、全球化市場的長尾效應、個性化消費潮流興起。

2. 所謂行銷組合，各位可以看成是一種協助企業建立各市場系統化架構的元件，藉著這些元件來影響市場上的顧客動向。

3. 超媒體（Hpermedia）是網頁呈現的新技術，是指將網路上不同的媒體文件或檔案，透過超連結（Hyperlink）方式連結在一起，相當適合以數位化的形式進行資訊的搜集、保存與分享。

4. 串流媒體（Streaming Media）是近年來熱門的一種網路多媒體傳播方式，它是將影音檔案經過壓縮處理後，再利用網路上封包技術，將資料流不斷地傳送到網路伺服器，而用戶端程式則會將這些封包一一接收與重組，即時呈現在用戶端的電腦上，讓使用者可依照頻寬大小來選擇不同影音品質的播放。

5. 網路購物已經成為消費者購物的新趨勢，愈趨「個性化」與「客製化」的商品，愈能擄獲消費者的心，在一片追求個性化消費（Personalized Consumption）的風潮中，唯有獨一無二或者愈怪的商品才能抓住消費者求新求變的目光。

6. VRML是一種程式語法，利用此種語法可以在網頁上建造出一個3D的立體模型與立體空間。VRML最大特色在於其互動性及其即時反應，可讓設計者或參觀者隨心所欲操作電腦與變換任何角度位置，360度全方位地觀看設計成品。

7. 「行銷」（Marketing），基本上的定義就是將商品、服務等相關訊息傳達給消費者，而達到交易目的的一種方法或策略。目前最主流的行銷趨勢則是「顧客導向行銷」，包含顧客經驗、顧客關係、顧客溝通、顧客社群整體考量的行銷策略與方式。

8. 所謂網路行銷，就是藉由行銷人員將創意、商品及服務等構想，利用通訊科技、廣告促銷、公關及活動方式在網路上執行。簡單的說，就是指透過電腦及網路設備來連接網際網路，並且在網際網路上從事商品銷售的行為。

9. 克里斯·安德森（Chris Anderson）提出的長尾效應（The Long Tail）的出現，也顛覆了傳統以暢銷品為主流的觀念，由於實體商店都受到80/20法則理論的影響，多數都將主要企業資源投入在20%的熱門商品（big hits），不過只要企業市場或通路夠大，透過網路科技的無遠弗屆的伸展性，這些涵蓋不到的80%尾巴（Tail）商品所占的冷門市場也不容小覷。

10. 所謂行銷組合的4P理論是指行銷活動的四大單元，包括產品（product）、價格（price）、通路（place）與促銷（promotion）等四項，也就是選擇產品、訂定價格、考慮通路與進行促銷等四種。

11. 通路是由介於廠商與顧客間的行銷中介單位所構成，通路運作的任務就是在適當的時間，把適當的產品送到適當的地點。企業與消費者的聯繫是透過通路商來進行，通路對銷售而言是很重要的一環。

12. 分別為顧客（Customer）、成本（Cost）、便利（Convenience）和溝通（Communication）。

13. 美國行銷學家溫德爾·史密斯（Wended Smith）在1956年提出的S-T-P的概念，STP理論中的S、T、P分別是市場區隔（Segmentation）、目標市場目標（Targeting）和市場定位（Positioning）

14. SWOT分析（SWOT Analysis）法是由世界知名的麥肯錫咨詢公司所提出，又稱為態勢分析法，是一種很普遍的策略性規劃分析工具。當

使用SWOT分析架構時，可以從對企業內部優勢與劣勢與面對競爭對手所可能的機會與威脅來進行分析，然後從面對的四個構面深入解析，分別是企業的優勢（Strengths）、劣勢（Weaknesses）、與外在環境的機會（Opportunities）和威脅（Threats），就此四個面向去分析產業與策略的競爭力。

15. 電子報行銷則多半是由使用者訂閱，再經由信件或網頁的方式來呈現行銷訴求。由於電子報費用相對低廉，這種作法將會大大的節省行銷時間，及提高成交率。

16. 利用搜索引擎的搜索規則、搜尋習慣、網站行銷目標來提高網站在搜索引擎內的排名順序，以便能在各搜尋引擎裡中被瀏覽者有效搜尋，以增加被搜尋的機會。

17. 搜尋引擎的資訊來源主要有兩種，一種是使用者或網站管理員主動登錄，一種是撰寫程式主動搜尋網路上的資訊。

18. 網路廣告可以定義為是一種透過網際網路傳播消費訊息給消費者的傳播模式，擁有互動的特性，能配合消費者的需求，進而讓顧客重複參訪及購買的行銷活動。

19. 彈出式廣告（pop-up ads）或稱插播式（Interstitial）廣告，當網友點選連結進入網頁時，會彈跳出另一個子視窗來播放廣告訊息，強迫使用者接受。

20. 按鈕式廣告（Button）是一種小面積的廣告形式，可放在網頁任何地方，常見的有JPEG、GIF、Flash三種檔案格式。

21. 「病毒式行銷」（Viral Marketing），並不等於「電子郵件行銷」。它是利用一個真實事件，以「奇文共欣賞」的分享給周遭朋友，並且一傳十、十傳百地快速轉寄這些精心設計的商業訊息。

22. 關鍵字行銷起源於關鍵字搜尋，由於入口網站的搜尋服務，加上網路的普及和便利，讓關鍵字搜尋的數量大幅增加。也就是說，關鍵字廣告可以讓您的網站資訊，曝光在各大網站搜尋結果最顯著的位置，因

爲每一個關鍵字的背後可能都代表一個購買的動機。

23. 搜尋引擎的資訊來源主要有兩種，一種是使用者或網站管理員主動登錄，一種是撰寫程式主動搜尋網路上的資訊（例如Google的Spider程式，會主動經由網站上的超連結爬行到另一個網站，並收集該網站上的資訊），並收錄到資料庫中。

24. 許可式行銷是經過用許可來提供有價值的電子資訊，並利用廣告、贈品來吸引用戶的興趣，順便在郵件內容中加入適量促銷資訊，從而實現行銷的目的，這樣做的好處就是成本低廉與客戶關注力高，也可以避免直接郵寄Email造成用戶困擾的潛在傷害。

25. 廠商與聯盟會員利用聯盟行銷平台建立合作夥伴關係，包括網站交換連結、交換廣告及數家結盟行銷的方式，共同促銷商品，以增加結盟企業雙方的產品曝光率與知名度，並利用各式各樣的行銷方式，讓商品或服務得到大量的曝光與口碑，將爲各位帶來無法想像的訂單績效。

26. SERP（Search Engine Results Pag, SERP）是使用關鍵字，經搜尋引擎根據內部網頁資料庫查詢後，所呈現給使用者的自然搜尋結果的清單頁面，SERP的排名是愈前面愈好。

第十二章

1. 金融科技（Financial Technology, FinTech）是指一群企業運用科技進化手段來讓各式各樣的金融服務變得更有效率，簡單來說，現代金融科技引發了許多破壞式創新，都是這個趨勢所應運出新服務的角色。

2. 社群行銷（Social Media Marketing）就是透過各種社群媒體網站，讓企業吸引顧客注意而增加流量的方式。

3. 訊息傳播、粉絲交流、社群擴散、購買動機。

4. 購買者與分享者差異性、品牌建立的重要性、累進式的行銷傳染性、圖片表達的優先性。

5.「粉絲」是聽眾，要成為他人「粉絲」，只要在該人的Plurk頁面按了追蹤按鈕，如此一來，就可以在自己的河道上看到該人所發出的訊息。而「朋友」則是經過雙方確認過的、互為粉絲的兩個人，所以兩個人都可以在自己的河道上看到對方的訊息

6. Instagram是一個結合手機拍照與分享照片機制的新社群軟體，目前有超過6億的全球用戶，Instagram操作相當簡單，而且具備即時性、高隱私性與互動交流相當方便，時下許多年輕人會發佈圖片搭配簡單的文字來抒發心情。

7. 限時動態（Stories）功能相當受到年輕世代喜愛，能讓臉書的會員以動態方式來分享創意影像，跟其他社群平台不同的地方，是又多了很多有趣的特效和人臉辨識互動玩法。這樣限時消失的功能主要源自於相當受到歐美年輕人喜愛的SnapCha社群平台，推出14個月以來，臉書限時動態每日經常用戶數已達到1.5億。限時動態功能會將所設定的貼文內容於24小時之後自動消失，除非使用者選擇同步將照片或影片發佈在動態時報上，不然照片或影片會在限定的時間後自動消除。

8. 首次使用Instagram登入，可以選擇以Facebook帳號或是以電話號碼、電子郵件來註冊。Instagram較特別的地方是「用戶名稱」可以和姓名不同。

第十三章
1. 可以找音樂著作的著作權仲介團體洽談。

2. 情書也是受到著作權法保護的語文著作，未經作者同意而隨便公開別人的情書，是一種侵害別人公開發表權的行為。

3. 資訊精確性的精神就在討論資訊使用者擁有正確資訊的權利或資訊提供者提供正確資訊的責任，也就是除了確保資訊的正確性、真實性及可靠性外，還要規範提供者如提供錯誤的資訊，所必須負擔的責任。

4. 指以有線電、無線電之網路或其他通訊方法，藉聲音或影像向公眾提

供或傳達著作內容，包括使公眾得於其各自選定之時間或地點，以上述方法接收著作內容。

5. 例如將網路上所收集的圖片燒成一張光碟、拷貝電腦遊戲程式送給同學、將大補帖的軟體灌到個人電腦上、電腦掃描或電腦列印等行為都違反重製權。侵害重製權，將處以六月以上三年以下有期徒刑，得併科新臺幣二十萬元以下罰金。

6. 所謂「快取」（caching）功能，就是電腦或代理伺服器會複製瀏覽過的網站或網頁在硬碟中，以加速日後瀏覽的連結和下載。也就是藉由「快取」的機制，瀏覽器可以減少許多不必要的網路傳輸時間，並加快網頁顯示速度。通常「快取」方式可以區分為「個人電腦快取」與「代理伺服器快取」兩種。

7. 不論是有無破壞行為，都已構成了侵權的舉動。之前曾發生有人入侵政府機關網站，並將網頁圖片換成色情圖片。或者有學生入侵學校網站竄改成績。這樣的行為已經構成刑法「入侵電腦罪」、「破壞電磁紀錄罪」、「干擾電腦罪」等，應該依相關規定處分。

8. 例如在公共場所及不特定人，演奏或表演如音樂、舞蹈、戲劇、樂器等內容，或在大賣場公開播放唱片、CD（包括使用擴音器）或在街頭自演奏或表演音樂都必須取得公開演出權。

9. 合法購買正版軟體的所有人，可以因為「備份存檔」之需要複製一份，但僅能做為備份，不能借給別人使用。

10. 由於影片中播放了該私人的畫作，如該畫作屬於著作權法保護之著作，當然涉及畫面重製之行為。最好應徵得著作財產權人同意，如果利用程度輕微，或可合於著作權法之合理使用規定的情形。

11. 因為單機版的作業系統程式，只限一台機器使用，如將該作業系統安裝在一台以上電腦內使用，則是侵害重製權的行為。

12. ■姓名表示權：著作人對其著作有公開發表、出具本名、別名與不具名之權利。

　　■禁止不當修改權：著作人就此享有禁止他人以歪曲、割裂、竄改或其他方法改變其著作之內容、形式或名目致損害其名譽之權利。例如要將金庸的小說改編成電影，金庸就能要求是否必須忠於原著，能否省略或容許不同的情節。

　　■公開發表權：著作人有權決定他的著作要不要對外發表，如果要發表的話，決定什麼時候發表，以及用什麼方式來發表，但一經發表這個權利就消失了。

13. 所謂著作權法的「合理使用原則」，就是即使未經著作權人之允許而重製、改編及散布仍是在合法範圍內。其中的判斷標準包括使用的目的、著作的性質、占原著作比例原則與對市場潛在影響等。

14. 電腦程式合法持有人擁有該軟體得使用權，而非著作權，可以修改程式與備份存檔，但僅限於自己使用，並且一套軟體不得安裝於多台電腦。

15. 著作人死亡後，著作財產權存續期間是著作人的生存期間加上其死後50年。對於侵害著作權之行為，除遺囑另有指定之外，以配偶請求救濟的優先權最高，子女次之。

16. 資訊倫理的適用對象，包含了廣大的資訊從業人員與使用者，範圍則涵蓋了使用資訊與網路科技的態度與行為，包括資訊的搜尋、檢索、儲存、整理、利用與傳播，凡是探究人類使用資訊行為對與錯之道德規範，均可稱為資訊倫理。資訊倫理最簡單的定義，就是利用和面對資訊科技時相關的價值觀與準則法律。

17. 資訊素養（Information Literacy）可以看成是個人對於資訊工具與網路資源價值的了解與執行能力，更是未來資訊社會生活中必備的基本能力。

18. Richard O. Mason在1986年時，提出以資訊隱私權（Privacy）、資訊精確性（Accuracy）、資訊所有權（Property）、資訊使用權（Access）等四類議題來界定資訊倫理，因而稱為PAPA理論。

第十四章

1. 企業是否能在電子商務市場中脫穎而出，必須要學會從販賣商品轉變為經營會員，也就是要懂得客戶的維護，就是以最好的 CP值去滿足消費者的需求。如何積累並捕獲消費者對商品評價的數據，最後自然而然能夠創造商業價值。

2. 宅經濟這個名詞迅速火紅，在許多報章雜誌中都可以看見它的身影，它訴求不必出門，就能很輕易搜尋到全世界各地的產品資訊，只要動動手指頭，在網路上就能輕鬆購物，每一樣商品都可以宅配到家。

3. O2O就是整合「線上（Online）」與「線下（Offline）」兩種不同平台所進行的一種行銷模式，因爲消費者也能「Always Online」，讓線上與線下能快速接軌，透過改善線上消費流程，直接帶動線下消費，消費者可以直接在網路上付費，而在實體商店中享受服務或取得商品，全方位滿足顧客需求。

4. 「智慧家電」（Information Appliance）是從電腦、通訊、消費性電子產品3C領域匯集而來，是一種可以做資料雙向交流與智慧判斷的應用裝置，也就是泛指作爲連結上網或是於原有功能中加入上網機制等家電裝置的統稱

5. Big Data大數據（又稱大資料、大數據、海量資料），是由IBM於2010年提出，主要特性包含三種層面：巨量性（Volume）、速度性（Velocity）及多樣性（Variety）。

6. Hadoop是Apache軟體基金會因應雲端運算與大數據發展所開發出來的技術，使用Java撰寫並免費開放原始碼，用來儲存、處理、分析大數據的技術，優點在於有良好的擴充性，程式部署快速等，同時能有效地分散系統的負荷。

7. 最近快速竄紅的Apache Spark，是由加州大學柏克萊分校的AMPLab所開發，是目前大數據領域最受矚目的開放原始碼（BSD授權條款）計畫，Spark相當容易上手使用，可以快速建置演算法及大數據資料模

型，目前許多企業也轉而採用Spark做為更進階的分析工具，是目前相當看好的新一代大數據串流運算平台。

8. 零售4.0時代是在「社群」與「行動載具」的迅速發展下，朝向行動裝置等多元銷售、支付和服務通路，消費者掌握了主導權，再無時空或地域國界限制，從虛實整合到朝向全通路（Omni-Channel），迎接以消費者為主導的無縫零售時代。

9. GPU（graphics processing unit）可說是近年來科學計算領域的最大變革，是指以圖形處理單元（GPU）搭配CPU，GPU則含有數千個小型且更高效率的CPU，不但能有效處理平行運算（Parallel Computing），還可以大幅增加運算效能，藉以加速科學、分析、工程、消費和企業應用，GPU應用更因為人工智慧的快速發展開始有了截然不同的新轉變。

10. 人工智慧（Artificial Intelligence, AI）的概念最早是由美國科學家John McCarthy於1955年提出，目標為使電腦具有類似人類學習解決複雜問題與展現思考等能力，舉凡模擬人類的聽、說、讀、寫、看、動作等的電腦技術，都被歸類為人工智慧的可能範圍。簡單地說，人工智慧就是由電腦所模擬或執行，具有類似人類智慧或思考的行為，例如推理、規劃、問題解決及學習等能力。

11. 機器學習（Machine Learning, ML）是大數據與人工智慧發展相當重要的一環，算是人工智慧其中一個分支，機器通過演算法來分析數據、在大數據中找到規則，機器學習是大數據發展的下一個進程，可以發掘多資料元變動因素之間的關聯性，進而自動學習並且做出預測，充分利用大數據和演算法來訓練機器，讓它學習如何執行任務，其應用範圍相當廣泛，從健康監控、自動駕駛、機台自動控制、醫療成像診斷工具、工廠控制系統、檢測用機器人到網路行銷領域。

國家圖書館出版品預行編目資料

電子商務與網路行銷／數位新知作. －－初
版. －－臺北市：五南圖書出版股份有限公
司, 2023.03
面；　公分
ISBN 978-626-343-561-2（平裝）

1.CST: 電子商務　2.CST: 網路行銷

490.29　　　　　　　　　111019432

5R41

電子商務與網路行銷

作　　　者 ― 數位新知（526）

發 行 人 ― 楊榮川

總 經 理 ― 楊士清

總 編 輯 ― 楊秀麗

副總編輯 ― 王正華

責任編輯 ― 張維文

封面設計 ― 姚孝慈

出 版 者 ― 五南圖書出版股份有限公司

地　　　址：106台北市大安區和平東路二段339號4樓

電　　　話：(02)2705-5066　　傳　　　真：(02)2706-6100

網　　　址：https://www.wunan.com.tw

電子郵件：wunan@wunan.com.tw

劃撥帳號：01068953

戶　　　名：五南圖書出版股份有限公司

法律顧問　林勝安律師

出版日期　2023年3月初版一刷

定　　　價　新臺幣550元

經典永恆・名著常在

五十週年的獻禮——經典名著文庫

五南，五十年了，半個世紀，人生旅程的一大半，走過來了。

思索著，邁向百年的未來歷程，能為知識界、文化學術界作些什麼？

在速食文化的生態下，有什麼值得讓人雋永品味的？

歷代經典・當今名著，經過時間的洗禮，千錘百鍊，流傳至今，光芒耀人；

不僅使我們能領悟前人的智慧，同時也增深加廣我們思考的深度與視野。

我們決心投入巨資，有計畫的系統梳選，成立「經典名著文庫」，

希望收入古今中外思想性的、充滿睿智與獨見的經典、名著。

這是一項理想性的、永續性的巨大出版工程。

不在意讀者的眾寡，只考慮它的學術價值，力求完整展現先哲思想的軌跡；

為知識界開啟一片智慧之窗，營造一座百花綻放的世界文明公園，

任君遨遊、取菁吸蜜、嘉惠學子！